弱虫の生きざま

身近な動植物が教えてくれる
弱者必勝の戦略

ネイチャーエンジニア／ブロガー
亀田恭平
Kyohei Kameda

KADOKAWA

はじめに

生き物には、多様で奥深い能力や習性を持つものがたくさんいる。

「すごい動植物」と聞くと、どんなものを思いつくだろうか。

「百獣の王」の異名をとるライオン。**圧倒的な動体視力を持つワシ**――。食物連鎖における頂点捕食者であり、他の動物を圧倒する強力な武器を持っている。メディアでもたびたび取り上げられ脚光を浴びる存在だ。

植物であれば、**「世界最大の花」といわれるラフレシア**は、見た目もド派手で一度見れば忘れられない。あるいは、屋久島の**縄文杉**。**樹齢は推定３０００年以上**といわれ、その生命力に驚かされる。

「すごい」という言葉に、僕たちは「最強」「最大」「長寿」などをつい求めたくなるものだ。

一方、生物界で**「弱者」と見られている生き物たち**はどうか。頂点に立つ者の陰に隠れてしまい、その「すごさ」が見過ごされがちである。しかし彼らは自分が淘汰されないいために知恵を働かせ、**立場が弱くとも、環境や他の生物をうまく利用して現代まで生き延びている**。僕はむしろ、こういった生き物たちの習性や能力（＝生きざま）に心惹かれている。本書は、そんな生物界の弱者たちにスポットを当てたものだ。

例えば、**シオヤアブ**。ハエ目ムシヒキアブ科というグループに属する肉食性のアブで、他の昆虫類を捕食する習性を持つ。捕食対象にはなんと、スズメバチも含まれる。スズメバチは大型で高い戦闘能力を持つ昆虫である。もちろん、シオヤアブも真っ向勝負では、返り討ちに合う可能性のほうが高い。人間でさえ逃げ出す相手に、どうやって戦おうというのか――。

シオヤアブは**「ゲリラ戦」が得意**なのだ。周囲を見渡しやすい場所でターゲットをじっと待つ。対象を定めると、背後へ近付き、その鋭い口吻《こうふん》をブスッと刺して体液を吸い上げる。まるで隠密《おんみつ》裏に行動する忍者のようだ。

戦い方次第では、実力差のある相手からも勝利をもぎ取れるのだと、教えてくれる。

植物も然《しか》り。植物は自ら移動することができないが、代わりに環境をうまく利用する。**アサガオやヤブガラシ**などの「つる植物」の茎は、**自分の力だけでは立つこともできないほどにヒョロヒョロ**としている。じつに弱々しい植物だ。そこで、**茎や幹がしっかりとした他の植物に巻き付きながら上に伸びることで、太陽の光を良いポジションで浴びている**のだ。これは、**相手を利用することで、強者よりも高みに登ることができることを体現した良い例**だろう。

このように身近で一見地味に見える動植物たちにも、面白くてすごい能力を持つものがたくさんいるのである。

さてここまで動植物について語ってきたが、読者のなかには、僕が研究を生業《なりわい》にしていると思われた方がいるかもしれない。が、実は違う。本業はITエンジニアだ。10年以上キャリアを積んでいる。ゲーム、広告、ナビゲーション、福祉などの様々な業界と関わり、サービスの立ち上げから運用、リニューアルと各段階のフェーズをこなしてきた。チームメンバーの規模も数人から100人規模とさまざまだ。

現在は、フリーランスとして独立し、業務委託でエンジニアリングをするほか、スマホアプリやブログなどで生き物の魅力を発信する事業を行っている。もともと生き物が好きだったことから、自分の事業に活かしたいと兼ねてより考えていた。**年間100日以上、全国各地に出かけ、これまで4500種以上の動植物と出会ってきた。**

そして生き物たちと触れ合っているなかで、習性や能力が「人間にとって大きな学びになるのではないか」と、考えることがしばしばあった。**知恵を絞り、さまざまな工夫や策

をこらして自然界で生き残ろうとする姿を、僕らの厳しい人間社会と重ねずにはいられなかったからだ。

生き物の能力は、熾烈《しれつ》な自然界で長い間生き延びてきた実績を持つ偉大なものである。それらの根をたどっていくと、じつに示唆《しさ》に富んでいるのだ。

動植物たちの「生きざま」を知り、社会経験と重ね合わせてみると、社会生活のシーンへの具体的な応用がたくさん浮かんできた。

本書では、**動植物の「生きざま」から得られる学びを、具体的な人間社会の例を交えて紹介**している。

生き物は「昆虫類」「鳥類」「植物類」を取り上げている。名前は知っていても、意外に能力や習性については知らないものも多いはずだ。この機会にぜひ深く知っていただき、身近に感じてほしい。

それでは、あなたの生活をより楽しくする手がかりのたくさん詰まった、生き物たちの多様で面白い「生きざま」を見ていこう。

弱虫《よわむし》の生きざま

身近な動植物が教えてくれる
弱者必勝の戦略

CONTENTS

CHAPTER 1

自分の小さな殻を破る「人生戦略」

CHAPTER

2 あなたの働き方と仕事術に革命を起こす「ビジネス戦略」

CHAPTER

3

生き物たちもやっている「賢い生き方」「ずる賢い生き方」

CHAPTER

4

才能にたよらない生き物たちの圧倒的な「努力」

CHAPTER 5

生き残るための必須戦略「人間関係」

CHAPTER

1

YOWAMUSHI
NO
IKIZAMA

▼自分の小さな殻を破る「人生戦略」

昆虫類

【アゲハチョウ(ナミアゲハ)】

チョウ目アゲハチョウ科

ステージを上げるのに必要なのは、変化を恐れないこと

代表的なアゲハチョウ。ミカン科の葉を食草[※1]にするため、ユズやサンショウなどの庭木がある住宅地でもよく見られる。終齢《しゅうれい》幼虫の姿は、典型的なアオムシ[※2]。

成長に応じて自身を変化させる、アゲハチョウ

昆虫の特徴的な能力の一つに、「変態」がある。変態とは、成長段階に合わせて自身の形態を大きく変化させることで、主に4段階に分けられる。

卵 ← 幼虫 ← さなぎ ← 成虫

変態は昆虫以外でも行うが、「さなぎ」の段階は昆虫独特のものである。また、昆虫の中でもすべてが4段階に変態するわけではなく、さなぎの段階を欠いた変態を行う種[※3]もある。4段階のものを「完全変態」、3段階のものを「不完全変態」と呼ぶ。

アゲハチョウを含むチョウの仲間は、「完全変態」をする昆虫だ。

※1 好んで食べる草のこと。

※2 チョウ目の幼虫のうち、緑色で毛やトゲで覆われていないもの。モンシロチョウの幼虫なども代表的なアオムシ。

※3 セミ、カマキリ、トンボ、バッタ、ゴキブリなど。

なぜ昆虫たちは、変態をするのだろうか。

それは、**成長ステージに合わせて、「自らの形態を最適化している」から**と考えられる。

生き物の生物学的目的を「子孫を残すこと」と考えてみると、成虫では「生殖活動をすること」がミッションであり、成虫以前では「無事成虫になること」がミッションとなる。

昆虫が成虫になることを「羽化《うか》」というが、名前の通り昆虫の多くは成虫になると〝はね（翅）〟を持ち、飛ぶことができるようになる。遠距離移動することで、離れたところにいるパートナーと出会うことが可能になるのだ。

成虫になって生殖活動をするには、途中で死ぬことなく、できるだけ安全に成長することが大切だ。卵から孵化《ふか》した直後の幼虫はまだまだ体が小さく、捕食者に見つかれば抵抗できずに食べられてしまう。その防御策として、アゲハチョウは、さらに幼虫のステージでも大きく姿を変えるという特徴を持つ。

「若齢《じゃくれい》幼虫」と呼ばれる幼虫初期の時代では、白黒のまるで「鳥の糞」のような姿をしているが、さなぎ間近の「終齢幼虫」になると多くの人が知る美しい緑色のアオムシとなるのである（生活スタイルは変わっていないので、姿は変わっても成長段階としては同じ「幼虫」である）。

アゲハチョウは、なぜ同じ幼虫という段階の中で、わざわざ姿を変えるのだろうか。僕がバイブルとしている著書の一つ『イモムシの教科書』には、こんな研究報告の紹介がある。

「小さな若齢サイズでは緑色型よりも糞色型の方が鳥の攻撃を受けず、終齢ほどの大きなサイズでは糞色型よりも緑色型の方が攻撃を受けないという」

出典：安田守『イモムシの教科書』（文一総合出版）

アゲハチョウの幼虫は、成長して大きくなると糞色型のままでは捕食される率が高まるため、自身の成長状態を見極めて緑色型に変化して対応していたのである。

自身を変化させることは、簡単ではない

成長段階に応じて自身を変化させなければならないのは、人間社会においても同じだ。

例えば、新たなプロジェクトを始めるときのことを考えてみよう。

一つの小さな欠点に執着したり、失敗を恐れるよりも、まずは「立ち上げること」が大切である。なぜなら、**何かを生み出す際は、「立ち上がらないこと」自体が一番の失敗**だ

からだ。一つの不具合があることよりも、機会損失の方がはるかにダメージが大きい。
一方で、プロジェクトが立ち上がって規模が大きくなると、欠点を見過ごすわけにはいかなくなる。一つの欠点が、大きな損失につながったり、信用を失うことになるからだ。この段階では立ち上げる前には必要のなかった「マニュアル」や「チェック体制」といった仕組みが大事になる。

しかし自身を変化させるのは、言うほど簡単なことではない。
完全変態をする昆虫は、一度体を作り変えるために「さなぎ」というステージを経るが、このときは移動ができなくなるので、捕食者に狙われたときのリスクが非常に高い。また、うまく生き延びたとしても、羽化に失敗して羽ばたくことができず、やはり他の動物の餌となってしまうこともある。

昆虫の変態と同様に、人間にとっても生き方や考え方を変えるというのは、大きなコストと負荷を伴う。さらにタイミングの見極めも重要で、タイミングが悪ければ、効果が得られないどころか逆効果になることもあるのだ。

自分が今いるステージを見極めろ

リスクがあるとはいえ、自身を変えるべきタイミングにあるのに、ずっと同じままでいたら、それはそれでうまくはいかない。

「エンジニア35歳定年説」というものがある。

エンジニアは若い人の方が有利であり、一定年齢（35歳）を超えたエンジニアは仕事がなくなる、というものだ。

僕は35歳を過ぎたエンジニアだが、この説はある意味正しいと考えている。というのは、開発案件を探したり、企業側からの要望を聞いていると、35歳くらいを境にして求められる能力が大きく変わるのを実感しているからだ。

若いエンジニアに求められるものは、

プログラミングのスキルなど、「作業」に関する能力（プログラマー）がほとんどだ。それに対して、35歳以上のエンジニアには、要件定義や調整、全体設計など、仕事を作る・調整するマネジメント的な役割を求められることが多くなる。

目の前の仕事に追われ、「作業」に追われるまま年を重ねていくだけではいずれ仕事が少なくなるか、あるとしても収入は伸びにくくなるに違いない。簡単なことではないが、**年齢相応に仕事の質や、役割を遷移させる方が有利**なのだ。

生物界同様、人間社会でも自分のステージに応じた「変態」が必要なのである。

昆虫類

【トラフカミキリ】

コウチュウ目カミキリムシ科

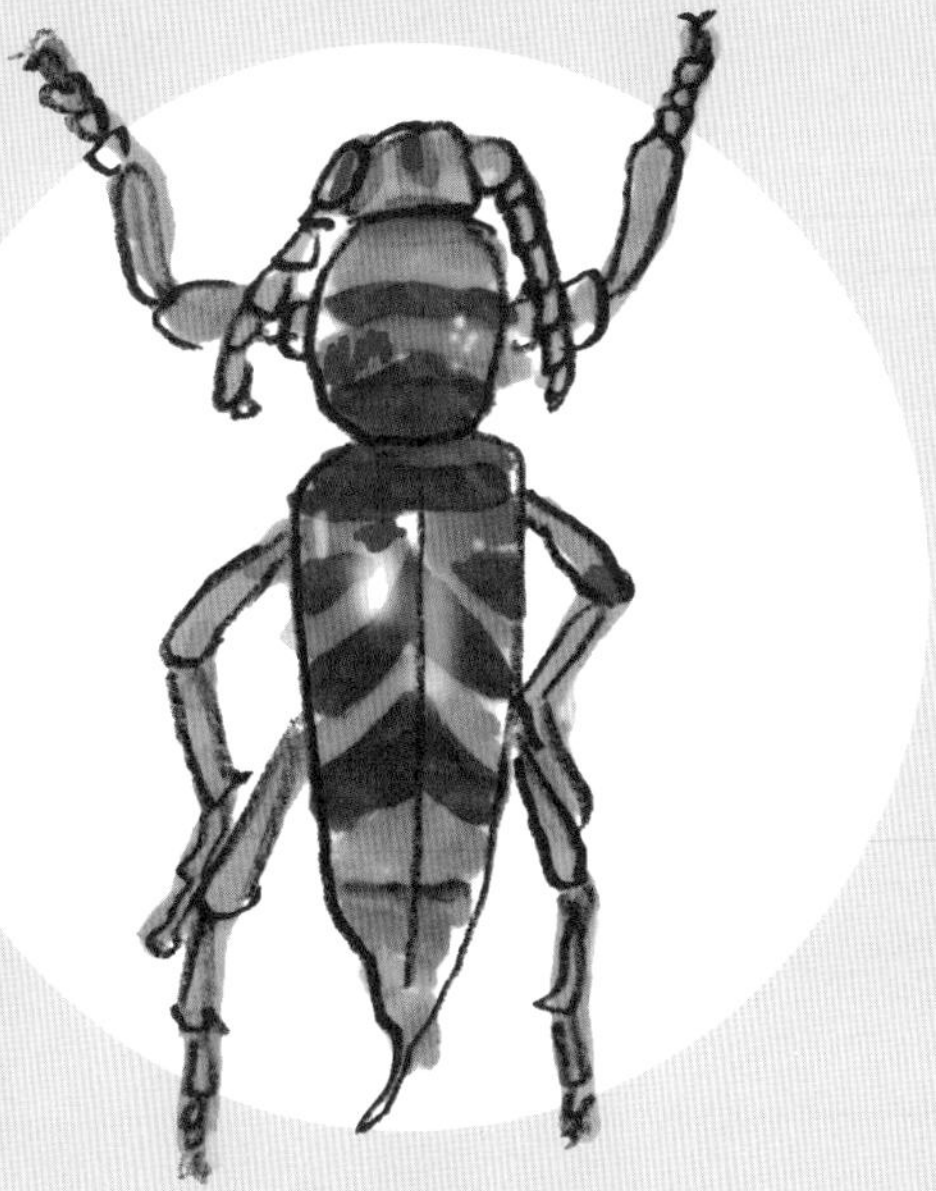

虎の威を借りても、それに満足しない

黄色と黒からなる虎のような模様が特徴的。この姿はスズメバチ[※1]に「擬態」していると考えられ、全体的な配色だけでなく、他のカミキリムシと比べて丸型で黄色い頭部もスズメバチにそっくり。成虫はクワやクリの木に集まる。

他者のまねをして生き残る、トラフカミキリ

野生の生き物たちが、生き残るために使う代表的な手法が「擬態」だ。擬態とは、生き物が自らの形・色・斑紋《はんもん》などを、周囲の物や別の生き物に似せることを指す。身の回りのあらゆるものに似せるため、そのタイプはさまざまだ。いくつか例を紹介しよう。

【隠蔽《いんぺい》型擬態】……周囲の環境に自身の姿を溶け込ませて身を守る擬態（ショウリョウバッタなど）

【ミュラー型擬態】……毒を持つもの同士が似た姿をして、捕食者に危険をアピールする擬態（スズメバチなど）

【ベイツ型擬態】……自身は毒を持たないが、毒を持つものに姿を似せることで身を守る擬態（トラフカミキリなど）

トラフカミキリは、「ベイツ型擬態」の使い手である。

胴体はもとより、黄色と黒色の派手な警告色、そしてカミキリムシらしからぬ素早い動きなど、実にスズメバチっぽい。昆虫を見慣れている僕でも、初めてトラフカミキリに出

※1 ハチ目スズメバチ科のうち、スズメバチ亜科に属するハチたち。産卵管を強力な毒針に変化させている。

会ったときにはしばらく気づかなかった。それほどトラフカミキリの擬態クオリティは高い。

では、トラフカミキリはどこまで生物学的にスズメバチに似ているのだろうか。

調べてみたところ、結果はあくまで「姿と形」くらいのものだった。

トラフカミキリ自身は、人をも倒すほどの強力な毒や、他の昆虫を攻撃するための強力な武器は持っていない。**スズメバチの姿をまねする理由は、本当は毒針を持っていないのに「自分は毒針を持っているぞ」というようなアピールで、捕食者を寄せつけないようにするため**なのだ。

日本のことわざでいうところの、「虎《とら》の威《い》を借《か》る狐」のような戦略といえる。強者の行動をまねすることで、その力や威厳をそのまま流用できるのだ。

生き残っても数を増やせないのが最大の難点

「スズメバチの威を借りる」ことに成功した、トラフカミキリ。「もう怖いものはない」とばかりに、安穏とした営みを送れるのかと思いきや、そうはいかない。

トラフカミキリに限らず、**ベイツ型擬態を行う生き物たちはある大きな制約**を抱えている。

それは、**擬態のモデルにした相手以上に「個体数を増やしてはいけない」**ことだ。

理由はただ一つ。**強者よりも弱者の数が増えてしまうと、「〝あの姿〟をしたヤツは、弱者が多い」と、自然界で評価されてしまう**からだ。「強者をまねる」という戦略のメリットが薄れてしまうのである。

まねするだけでなく、自分の頭で考えよう

この事実を目の当たりにした僕は、「虎の威を借る狐は、虎以上にはなれないのだ」と、自分の人生観と重ねずにはいられなかった。トラフカミキリの生態は、そのまま人間社会に置き換えても同じことがいえるのではないだろうか。

「虎の威を借る狐」的手法は、強者から恩恵を受けることができるため、弱者が生き残る有効な手法であることは間違いない。

しかし同時に、**この恩恵を受け続けていては、いつまでも弱者の立場から抜け出すことはかなわない、という側面も浮かび上がる。**

「他者とは違う持ち味が欲しい」
「頭一つ抜きん出た存在になりたい」
「今の立場からステップアップしたい」

このように自分の将来を見据えて考えているとしたら、まねをしているだけではいけない。最後は、自分の頭で考え、独自の技術・パフォーマンスを開発すべきだろう。

僕は、「ネイチャーエンジニア いきものブログ」というブログを運営して、2年以上になる。ブログを始めたきっかけは、ありていにいえば「収益源を増やすため」だった。初期の頃はアクセス数や収益につながりそうなことを優先的に書き、先行者のブロガーが取ってきた手法を集めては取り入れ、露骨にまねをしていたこともあった。そのおかげで、ブログ初心者にしてはこなれた記事を提供でき、一定のアクセス数も得られたと思う。

しかし、20記事ほど書いた頃、「何だか記事を書かされている」と、満たされない自分に気がついた。それから自分で迷いながらいくつかの記事を書いたが、やはり思ったような結果を出せずに挫折。書くことそのものをやめてしまった。

虎の威を借る狐は
虎以上になれない
偉そうにスピーチしてるけど…
本当は全部人のパクリ

まねから抜け出すための試行錯誤の日々

半年ほど執筆の手を止めながらも、いろいろな方のブログを読んでいたが、その中に「ワクワクや、勇気を与えてくれる、気持ちのこもった文章」があることに気づいた。それらの文章に出会い、僕は考えをこう改めた。

「収益にならなくても、多くの人に読まれなくても、〝自分が伝えたいこと〟を届けること自体に意義があるのではないか」

心機一転、僕はブログに復帰した。

ただ先行者のまねをするのではなく、「自分の考えや思いを読者の方に届けるためにはどうすればよいのか」。今は、

自分の頭で考えながら試行錯誤の日々を過ごしている。

「守破離」という言葉を聞いたことがあるだろう。

剣道や茶道などの、修業における段階を示したものだ。師の教えを忠実に守り（守）、他の師や流派の教えも学び取り入れ（破）、独自の新しいものを生み出し確立する（離）。

トラフカミキリの擬態からもわかるように、**「守」はどんな生き物でも行っている。しかし、そこから「破」「離」へと発展させる力を持つのは、人間だけに与えられた特権**ではないか。だからこそ、人類は長い歴史の中で自分たちを脅《おびや》かしてきた飢餓《きが》や疫病《えきびょう》などの危機を克服し、より豊かで便利な社会を築くことができていると感じている。

僕は、強者にはほど遠い存在ではある。だが、そこに一歩でも近づくためには「まねで満足せず、自分の頭で考えること」こそが大事なのだ。

トラフカミキリの派手な擬態は、そんな教訓を僕に与えてくれたのだった。

昆虫類

【イボタガ】

チョウ目イボタガ科

ハッタリに負けない、本物の実力をつけよ

成虫では10センチ弱ほどになる大型の蛾《が》。名前の通り、幼虫はイボタノキやキンモクセイなどを食草とする。はねには目玉模様（眼状紋《がんじょうもん》）があり、まるでフクロウの顔のように見える。

フクロウに擬態するイボタガ

擬態は昆虫たちに多く見られるが、イボタガのはね模様にも擬態が取り入れられている。イボタガが擬態の対象としているのは、「フクロウ」。目玉のように見える円型の紋（眼状紋）とくちばしのように見える腹部を使って、フクロウの顔をまねている。

フクロウはれっきとした猛禽《もうきん》類であり、昆虫、両生《りょうせい》類、爬虫《はちゅう》類の他、鳥類や哺乳《ほにゅう》類をも食べる。だからイボタガは、フクロウに擬態することで、フクロウを脅威とする天敵たちから身を守っているのだろう。

その証拠に、イボタガは危険を感じると飛ぶのではなく、はねを広げてフクロウの顔面を見せつけるような「威嚇《いかく》ポーズ」を取る。

小鳥たちには一定の効果があると思われるが、残念ながら人間はフクロウを恐れない。僕たちのような虫好きの人間には、その大きくて目立つ姿が逆に自然界の中では見つけやすいのだから皮肉なものだ。

人間も活用できる〝ハッタリ〟効果

人間社会においても、イボタガのように強者を模した擬態というのはあちらこちらで見られる。このイボタガの擬態を端的に表す言葉は、「ハッタリ」である。

例えば、**「肩書き」は使い方によってはハッタリ**となる。

僕は社員数10人前後の小さな会社で働いていたとき、「チーフエンジニア」という肩書きがついたことがある。社内にエンジニアは数人しかいないので、「チーフ」から連想されるマネジメントのような仕事はほぼないのだが、名刺にはそう書かれていた。確かにスケジュール管理や各所の判断はあるが、肩書きのないメンバー同様に作業をする仕事の方が多く、実態は大企業のチーフエンジニアとはかなり違っていたと思う。

普段は小さな会社で働くメンバーと接することが多いので、特にチーフを意識していなかったのだが、別業界の友人に名刺を見せたら反応が違った。

「チーフエンジニアなの!?　すごいね!」

役職が細分化されているような大きな会社に勤めている人にとっては、「肩書き」というのは大きな意味を持つのだ。

他にも、キャッチコピーにもハッタリ的な手法は使われている。

◎例1 「○○ナンバー1」

対象となる市場内容によって規模が全く変わってくるのだが、その市場をよく知らなければ「すごい!」となる。

僕は中学校時代は陸上部に所属しており、専門種目は砲丸投げだった。市の大会に出場したときには、毎回ほぼ優勝していた。というのも、市内の砲丸投げの競技人口は少なく、一度の大会に出場する人数はほぼ1桁。ライバルはほとんどいない環境だった。これが隣の市だったら、僕の実績は全然違っていたかもしれない。

◎例2 「満足度90%以上」

アンケートの対象者や質問内容によって、ある程度結果は操作できる。気になって調べれば意図的な質問かどうかわかるかもしれないが、このキャッチコピーを見てそこまで調べる人はほぼいないはずである。

こうした手法を使うと、伝え方によっては相手によい印象を与えることができるのだ。

ハッタリで背伸びした分、実力を身につけよう

ただし、このハッタリの手法を使うときには、気をつけるべきポイントもある。**フクロウの擬態が人間に効かないように、相手によっては効果が得られない場合があること**だ。

先ほどの僕の砲丸投げの話でいうと、全国大会に出場しているような、参加人数が多く実力者揃いの地域の選手だったら、僕の記録は大したことではないと見抜いたかもしれない。もし一緒に競技をしたら、「ナンバー1」の肩書きの輝きは失われたことだろう。

ここで取り上げているハッタリの効果は、どれも嘘ではない。ただ、**身の丈に合わない肩書きを使い続けていると、効果を得られないどころか、信用を失ってしまう可能性もある。**

この穴を埋める解決策は、ただ一つしかない。

それは、ハッタリに伴う実力をつけることだ。

例えば立派な肩書きを使ってハッタリを利かせ、背伸びをした仕事を引き受けたとしよう。確かに、引き受けた当初はそれに見合う結果を出すだけの実力はないかもしれない。しかし、自力で成長するなり、人からフォローを受けるなりしたとしても、最終的にお客様の期待に応《こた》えることができれば問題はないのだ。

ハッタリは決して悪いことではない。ただし、**ハッタリによる効果に甘んじて努力を怠ってはいけない。**そのハッタリが本物になるよう、自己研鑽《けんさん》を重ねることが大切なのである。

鳥類

【コガモ】

カモ目カモ科

リスクを取らないと、得られないものがある

日本最小級のカモ。冬鳥《ふゆどり》として秋頃に全国に飛来し、川や池、湖など淡水に生息する。オスは繁殖羽《はんしょくう》になると頭部がチョコレート色と鮮やかな緑色になる。

カモたちが変身する意味

鳥類の多くは、繁殖期に備えて※1換羽《かんう》を行い姿を変える。その新しいはねを「生殖羽《せいしょくう》」または「繁殖羽」という。カモのオスたちも季節によって繁殖羽に変身する。繁殖羽になったオスは派手で特徴的な姿になることが多く、自然界の中ではよく目立つ。

目立つ姿というのは、生き延びる確率を高めるという観点では不利である。天敵から身を隠しにくいからだ。さらに換羽の仕方は種によって異なるが、**一度にまとめて換羽をするパターンの場合、換羽中は一時的に空を飛べなくなるというデメリットまである。**空を飛べないときに、敵に襲われたらひとたまりもない。

そのオスたちも、繁殖期以外はメスとよく似た姿で大変地味である。安全に生きるだけであれば、こちらの「非生殖羽（エクリプス）」の方が有利だろう。

なぜわざわざリスクの高い繁殖羽に変身するのだろうか。

生物にとっての存在意義は、後世に自分の遺伝子を残すことである。

カモのオスが繁殖羽に変身するのは、「メスへのアピール」のためだ。※2飾《かざ》り羽《ばね》や羽の美しさによって、メスからのモテ具合が変わってくる。オスは何としてもメスから自分をパートナーとして選んでもらわなければならない。そのため、**リスクを取ってでも美しい繁**

※1 古いはねが抜け落ちて、新しいはねに生え替わる。

※2 主に繁殖期の雄に見られる飾りのような羽。

殖羽になり、ライバルたちとの勝負に勝つ必要があるのだ。

目の前のチャンスをつかめ

人間にも、「守り」だけを考えるのではなく、時にはリスクを取ってでも「攻め」の姿勢に出るべきときがある。


普段のサラリーマン生活の中にも、チャンスは身近にたくさん転がっている。例えば、

「新しい事業を始めたいけど、担当してくれる人がいない」

「新たに支社を作ったけど、そこに人手がなかなか集まらない」

「あの仕事は〇〇さんしか対応できない。他に対応できる人はいないだろうか」

こんな話を耳にする機会があるだろう。


もし興味のある案件で、そのチャンスが自分の未来を切り開く可能性があるなら、ぜひチャレンジをしてみるといい。「今の仕事が忙しいから無理」といった心配はいらない。会社からチャレンジが認められれば、仕事量は自然と調整されるはずだ。

ただし、**新しい仕事・未経験の仕事というのは、カモの繁殖羽と同じで、今の仕事を継続するよりも失敗するリスクは高い。**難易度が高く、頑張ったとしても結果を残せないこともあるだろう。しかし、**そのチャンスをつかむことができれば、大きな可能性や成長が待っているかもしれない**のだ。

未経験というリスクを取って得られたもの

僕がまだ30歳くらいの会社員時代の話だが、半年ほどアメリカに長期出張したことがある。

突然、上司に呼び出され、「最低半年くらいアメリカから帰ってこられないと思うけど、大丈夫？」とアメリカ行きを打診された。その時点ではどんな仕事かわからなかった。それまで僕は海外には関心も接点もほとんどなく、台湾とグアムで2泊した程度の経験しかなかった。もちろん、英語も話せない。しかし、「はい、大丈夫です」と即答した。「今までにない新しい経験ができるかもしれない」と興味を持ったのだ。

その結果、8人ほどのメンバーと、アメリカで一緒に働くことになった。メンバーのほとんどは僕と同じく、「自ら手を挙げてやってきた」有志たちだった。初めての海外生活

と積極的なメンバーとの仕事は、本当に刺激に満ちあふれていた。

当初は、英語は話せないし、文化も日本と違う面が多かったのでかなり戸惑った。問題も多く発生したが、よい面も悪い面も、今までしたことのない経験をいくつも積むことができた。日本を出る前は、「おもてなし文化」に象徴されるように、日本の方が人情味があるイメージだったが、大きく変わった。日本人・外国人という区分は、出身国が違うだけのことだ。話す言葉や文化に違いはあるが、それぞれ同じ人間なのだ。海外の方が合理的で冷たいイメージがあったが、僕は現地で何度も人間味ある温かな人柄に接する機会があった。今でもいい思い出だ。

当時一緒に過ごしたメンバーのほとんどは、僕を含めてみんな会社を離れてしまった。**あのときの経験を買われ、新たな仕事を得て日本と海外を行き来しているメンバーもいる。彼は手を挙げてチャレンジしたことで、未来を切り開いたのだ。**

リスクを取って挑戦したことが、必ず成功につながるとは限らない。しかし、手を挙げてリスクを取らないとつかめないものもたくさんある。もし目の前に、自分が大事だと思えるチャンスがあるのなら、ぜひチャレンジしてみてほしい。

鳥類

【ツグミ】

スズメ目ヒタキ科

不測の事態を受け入れ、チャンスに変えよ

草地、河原の他、農耕地や公園などでも見られる身近な鳥。鮮やかなオレンジ色の羽が美しい。ロシアや中国などで繁殖し、冬に日本に渡ってきて越冬する。

鳥が「渡り」をする理由

野鳥には、「渡り」[※1]という習性を持つものがいる。

「渡り」とは、季節に応じて繁殖地と越冬地を遠距離移動する行動のことだ。現存する鳥たちのうち、約15パーセントが渡りの習性を持つという。時には海を越えて、何千キロもの距離を移動することもある。

ツグミも渡りをする鳥の一種である。夏は繁殖地である中国やロシアで過ごし、秋頃になると海を越えて日本に渡り、越冬する。渡ってきた直後は木の上で見かけることが多いが、季節が進んで木の実が地面に落ちると、ツグミも低い位置にやってくるので観察しやすくなる。「ちょん、ちょん」と少し前に進んで、胸を張って後ろを見返るような仕草は本当にかわいらしい。

渡りはリスクを伴う行為でもある。**渡りの途中に嵐に遭うことがある。普段出会わない敵に、命を狙われることもある。**なんとか目的地にたどり着けたとしても、体力低下や天敵の存在によって危険な目に遭うこともあるだろう。

※1
「渡り」によって夏に見られる鳥は「夏鳥（なつどり）」、冬に見られる鳥は「冬鳥（ふゆどり）」、渡りをしない鳥は「留鳥（りゅうちょう）」と呼ばれる。

鳥たちはなぜ、わざわざこのようなリスクを取って、長距離移動するのだろうか？

オンライン・ジャーナル誌「Nature Ecology & Evolution」に発表された論文によると、鳥たちが渡りをする理由は〝コストパフォーマンス〟にあるという。

生物は「エネルギー効率」のよいところに分布する。エネルギーは餌を食べることで得られる。少ない労力で多くの餌が得られれば、エネルギー効率はよいことになる。ライバルが多いと餌の奪い合いが発生して得られる量が少なくなるため、ライバルは少ない方がエネルギー効率はよい。また、そもそもその場所に餌の総量が少なければ、ライバルが少なかったとしても得られる量は小さい、というわけだ。

鳥には独自の武器がある。大きな翼を使った「飛行」だ。**鳥は飛行による長距離移動が可能なので、移動することで効率よくエネルギーを獲得している。自らの力で、よりよい環境に渡っているのである。**

自ら、適した環境に移動する

僕たち人間が活動する上でも、環境は大切だ。

どれだけ仕事をしても、見合った報酬が得られない環境がある。労働時間が多い割に、報酬の少ないブラック企業などはそれに当たるだろう。また、自分の力がなかなか発揮できない仕事、もしくは活かせる機会が与えられない環境もある。もしかしたら、所属する業界であったり、職業が自分に合っていないことも考えた方がいいのかもしれない。

そんなときは、渡り鳥のように、**「自ら環境を変える行動」を取るべき**だ。具体的には「異動希望」「転職」など、自分から行動を起こして、望む環境をつかみ取るのである。

ただし、渡り鳥たちが危険を冒して海を渡るように、人間が環境を移すときにも、同様のリスクがある。

新たな環境に適応するには、努力と辛抱が必要だ。働く環境が異なるということは、求められる結果も、得られる協力も異なる。それに適合するためには、努力して新たなスキルを習得する必要がある。

また、鳥たちは長い道のりを経てたどり着いた目的地で、絶望するような目に遭うこともある。毎年越冬してきた森が、開発によってなくなっていたり、大きく環境が変わってしまっていることも少なくない。同じように、人の転職・異動においても、新天地が思った通りの場所でないこともある。大きな決意をして転職した先が、「イメージとかけ離れていた」といった事態にもなり得るのだ。

僕自身、何度か転職したりフリーランスとして新しい仕事を受けた際には、担当する予定だった業務とは異なる仕事を任されることがよくあった。むしろ想像した通りの仕事だけの方がまれだった。新たな仕事を覚えたり、スキルを身につけることはなかなか大変だ。慣れるまでは「転職する前の方がラクだった」と思ったこともある。

しかし、想定外の事態は、ネガティブなことばかりではない。それを受け入れて努力することは、新たな可能性を広げるチャンスにもなる。

変化はチャンスである

僕はエンジニアだが、もともと「サーバーサイドの開発」[※2]はできなかった。ところが転職先でその技術が求められたので、勉強してできるようになった。すると、他のエンジニアよりも対応できる幅が広がるというメリットが得られた。また、携わったプロジェクトで新たなツールを使う必要があったので、勉強して使えるようになった。すると、その技術を個人アプリにも活かすことができ、表現の幅が広がった。

人は、変化があるほど、成長してできることが増えていくのだ。

※2
システム開発において、画面上の目に見える部分の開発を「フロントエンド」、サーバー側のデータの管理・処理に関する開発を「サーバーサイド」と表現する。

渡り鳥も、毎年過ごしていた森がなくなっていたら、一時的に絶望はするだろうが、生き延びるために新たな森を探すだろう。

新しい場所では、餌を見つけるために新しく覚えること・工夫することが必要かもしれない。しかし、もしかしたら新しい森は、前の場所よりもいい環境かもしれないのだ。

〝変化はチャンス〟でもある。自ら動いて変化を生み出し、チャンスをつかみ取ろう。

鳥類

【カワウ】

カツオドリ目ウ科

守りを捨て、突き抜けるという選択もある

川、湖、海などの水辺で見られる水鳥。体色は黒く、スリムな体型。潜水が得意で、水中で魚を追って捕らえる。川に生息するウなので「川鵜（カワウ）」。

狩りの能力に特化したカワウ

カワウは身近な水鳥だ。川や湖など水辺近くの林などに営巣《えいそう》し、集団で木の上に留まっている様子がよく見られる。

カワウは「狩り」が得意な鳥である。潜水したと思ったら、とても素早く水中を泳ぎ回り、見事に魚を捕らえる。

カワウにごく近い鳥である「ウミウ」[※1]は、その狩りの能力の高さによって、伝統的な漁法である「鵜飼《うかい》漁」に用いられているほどである。

なぜ、カワウは潜水が得意なのか。

それは、自身の体をとことん「狩り」に特化しているためだ。

カワウと同じ水鳥のカモは、観察しているとくちばしでおしりの辺りを触り、そのあと身体中をくちばしでこするような行動を取る。これは、カモがおしりから出ている「脂分」を羽に塗って、〝コーティング〟しているのである（この脂分が出る場所を「尾脂腺《びしせん》」または「油脂腺」という）。カモは脂を塗ることで水を弾いて浮力を高め、さらに羽に水が

※1 カツオドリ目ウ科。海に生息するウ。頬の白い範囲がカワウよりも広い。

染み込まないようにすることで防寒効果を得ているのだ。

それに対して、ウは尾脂腺が発達していないため羽は水を弾かない。すぐに染み込んできてしまう。しかし、**浮力がないのはかえって潜水にはちょうどいい。この能力を使って水中で魚を狩っているのだ。**

弱点もある。地上で羽を広げた格好をしているカワウをよく見ることがある。〝濡《ぬ》れた羽を乾かす〟ためだ。長時間潜水をすると、カワウの羽は水をたっぷりと吸ってしまう。この状態では、**空を飛ぶことができない。**

狩りに特化するため「守りを捨てる」選択をした鳥、それがカワウなのである。

自転車における選択と集中

カワウの能力は、僕たちに「選択と集中」の戦略を教えてくれる。

他者から突き抜けるためには、あれもこれもできるようにという平均点主義ではうまくいかない。少しくらい不便になろうとも、長所を活かすためには「捨てる」という判断も必要となる。

10年ほど前になるが、僕は舗装路で高速走行ができる自転車「ロードバイク」を所持していたことがある。それまではいわゆる「ママチャリ」にしか乗ったことがなかったので、**初めてロードバイクに乗ったときは、今までにない「軽快な乗り心地」**に心が躍った。東京から神奈川の実家まで片道50キロほどの道のりも、舗装された道路では非常に気持ちよく走ることができた。

ところが、**ロードバイクがママチャリよりもすべて優れているかというと、そうではない。**

僕はママチャリを使っていた頃は、どんな悪路も気にせず走行していたし、何度も倒したり、雑に扱ったりしても長年使うことができていた。しかし、ロードバイクはそうはいかない。

例えば、「リム打ちパンク」というものがある。段差に勢いよく乗り上げたときなど、タイヤに強い圧がかかってパンクしてしまう。一度チューブが変形してしまうと、パンクはより発生しやすくなる。そのため、ロードバイクに乗っているときは段差をできる限り通らないようにし、段差があるところでは減速して丁寧に、という走行が要求される。ロードバイクは繊細な自転車なのだ。

路面がいい場所でのロードバイクの疾走感は、ママチャリでは得られない。しかし、走行するにはママチャリよりもかなり気を遣わなければならない。ロードバイクの醍醐味は、耐久性や頑丈さをあえて捨てることでようやく手に入る。**ある程度の不便さを受け入れることで、初めて到達できる高みがある**のだ。

武器を活かせる環境が必要

実はカワウは、一時期日本で数が激減したことがある。1970年代のことだ。繁殖地はほぼなくなり、絶滅が危惧されたほどだった。当時は高度経済成長期。内湾の埋め立てや水質汚染が多く発生した結果、川に餌となる魚がいなくなってしまったからだ。

カワウがいくら狩りが得意であろうと、狩る魚がいなければその能力は発揮できない。他者よりどれだけ優れていても、その能力が発揮できる環境がなければ、どうしようもないのである。

ロードバイクにおいても同様だ。路面がいい場所だからこそ爽快に走ることができるが、段差だらけの道ではその体感は得られず、ただ疲れるだけである。

他者よりも突き抜けた武器を得る際には、その能力が発揮できるシーンを意識することが大切だ。

・その能力が活かせる市場は、今後も長く続くか
・仮に今の市場がなくなった場合、他の市場にも応用できる能力か

能力を鍛え上げる前に、まずはこれらを考えてみよう。せっかく鍛えた武器が活かせない最悪の事態はできるだけ避けたいし、方向転換をするなら早い方がいい。

カワウは、特化した武器の強みだけでなく、欠点までも僕たちに教えてくれている。

鳥類

【ハシブトガラス】

スズメ目カラス科

威嚇行動には感情を抑えて対処する

都会でゴミ漁りなどをするのはこのカラス。※1ハシボソガラスよりもひと回り大きく、くちばしも太い。

カラスのモビング行動

ハシブトガラスは、都市部でよく見られるカラスである。もともとは森林に生息する鳥だったが、ビルを森の木々に見立てることで、都会生活に進出したといわれている。

カラスは大型の鳥であり、彼らを脅かすような敵は多くはない。ところが、そんな彼らが強く警戒する相手がいる。「タカ」である。

人里近くにも、「トビ」[※2]「オオタカ」[※3]などのタカ科の鳥たちは生息している。

タカに対して、カラスが集団で取り囲んでいる姿をよく見かける。タカが木に留まればカラスたちも周囲に留まって大きな声で鳴きわめき、タカが飛べば集団で執拗《しつよう》に追い回す。人間の目からはタカが攻撃されているように見えるので、何だかかわいそうに思えてくるくらいだ。

このカラスたちの行為は、**「モビング」と呼ばれる〝威嚇行動〟**である。本気でタカたちをやっつけようと思っているわけではない。あくまで、嫌がらせをして「追い払うこと」が目的だ。

※1
↓169ページ。

※2
タカ目タカ科。雑食性で幅広い環境に生息する。観光地に生息するものは、人の食べ物を奪う行動を取るものもいる。

※3
↓182ページ。

カラスたちもタカに本気で反撃されれば、一対一ではやられてしまうし、集団でいたとしてもタダでは済まないだろう。だからカラスたちはうるさくわめいたり、つきまとうだけで、決して直接的には手を出さない。

カラスにモビングをされたタカは、仕方なく「やれやれ」といった風にその場を離れていくのだ。

モビング行動に対応してもキリがない

人の日常生活においても、モビング的な威嚇行動に遭遇することはあり得る。

職場では、「嫌味」や「陰口」を言われるかもしれない。

SNSでは、理由なくバッシングされるかもしれない。

共通項は、攻撃してくる相手が「反撃の可能性の少ない安全圏」にいることだ。

正面から向き合って議論すると、論破されたり、自分への反撃を食う可能性がある。だから、相手が反撃できない位置や、味方が多数の有利な状況を作った状態でちょっかいを出してくるのだ。

このようなモビング行動に対しては、基本的にはタカと同じように、「相手にしない」のが妥当な対応だろう。

たとえ、一対一なら勝てる（正論がある）にせよ、タカがカラスの集団内の1羽をやっつけても大して影響がないように、数多くの威嚇行動のうちの一つに対処していても終わりがない。常に我慢すべきとまでは思わないが、オセロの盤面がひっくり返るような、よほどの逆転ができるならまだしも、多くの場合はむきになって対応しても、体力・精神力・時間を無駄にしてしまうだけだ。

ちなみに、カラスたちは、24時間張りついてモビング行動するほどの深追いはしない。自分たちの活動範囲から離れれば、それ以上に追いかけることはほとんどない。

どうしても困ったら、タカと同じように、**場所を移動するという回避手段**がある。

一つは、**「異動」や「転職」で活動範囲を「横方向」にずらす**ことだ。転職した後に相手が、自分の活動に影響を与えることはほとんどない。わざわざ遠くにいるものに干渉してくることはほとんどないだろう。

または「縦方向」に移動する。周りが嫌がらせに時間を使っている間に、自分はコツコツとやるべきことに集中するのだ。

手の届かない高みまで上ってしまえば、相手にとっては邪魔な存在ではなくなってしまう。例えば、平社員が、本部長に嫌がらせをし続けることはほとんどないはずだ。

ただし、この案の実行には時間がかかる。直接的に邪魔をされている場合は難しいかもしれない。しかし、嫌味を言われるくらいの干渉なら、コツコツと自分を高めるのに集中して抜きん出る手もあるというわけだ。

受け止めるべき指摘もある

モビング行動はできるだけ相手にせず受け流すのが有効だが、一方で、**「威嚇行動（嫌がらせ）」と「正当な指摘」を見極めることも重要**である。

威嚇行動が多くなると、ネガティブな気持ちになる。そんな状態が続くと、「正当な指摘」までも耳に入らなくなってしまうかもしれない。

だが、それでは損である。正当な指摘までも聞かずにかわしていたら、自分の間違いや欠点はいつまでも正されないからだ。

SNSなどで歯に衣着せぬイメージのあるホリエモンこと堀江貴文氏は、著書の中でこう語っている。

「僕自身、人間だから感情で判断することはある。…（中略）…ちょっと感情的にな

っているなと思ったときは、そこから2割、3割、感情を引くようにすると、冷静な判断ができるようになるはずだ」

出典：『自分のことだけ考える。』（ポプラ新書）

これは相手に言葉を伝える際の教訓として触れられていた言葉だが、相手から言葉を受けたときも同様であると思う。人間なのでそのときの感情によって受け取り方が変わってしまうこともある。しかし、**感情がブレているときこそ、言われていることを冷静に受け止めてみよう。**

例えば、相手が、

・こちらと対話する姿勢で指摘をしてくれている

・客観的な意見を持って指摘してくれている

こういった場合には、耳を傾ける価値があるかもしれない。普段自分に見えていない、自分自身の行動の誤りに気づけることもあるかもしれない。それがモビングを誘発するきっかけになっているとしたら、モビングの悩みも解消するかもしれないのだ。

相手から何かを言われたとき、感情的に判断するのはリスクが高くなる。

一度は感情を抑えて受け止め、どう反応すべきか冷静に判断し、自分が取るべき行動を取ろう。

植物類

【セイタカアワダチソウ】

キク科

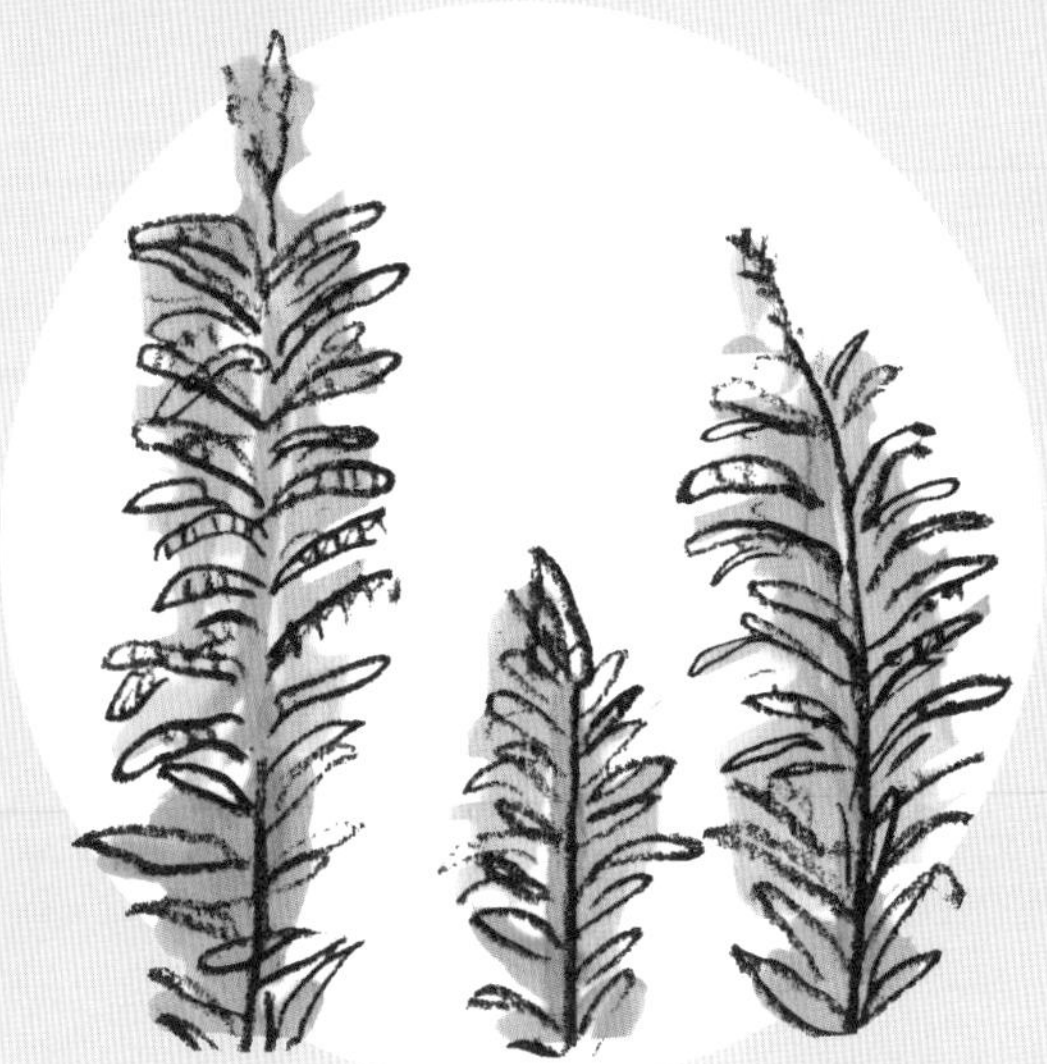

吐いた毒は自らを苦しめる

北アメリカ原産の帰化植物。「セイタカ」の名前の通り、2メートルを超える大きな姿となる。花が終わると泡立つようなたくさんの綿毛ができることが「アワダチ（泡立ち）ソウ」の名前の由来。

セイタカアワダチソウが放つ毒

秋になると、セイタカアワダチソウの花が咲き誇る風景を見ることがある。黄色い花がいっせいに風になびくさまは圧巻だ。

ところが、あまり喜んでもいられない。というのも、セイタカアワダチソウは「日本の侵略的外来種ワースト100」に選ばれる帰化植物であり、辺り一面に咲く花は周りの植物を駆逐してしまった結果ともいえるからだ。

セイタカアワダチソウが日本で勢いを増した要因は、彼らの持つ「毒性物質」にある。彼らは**根から他の植物に対する有害物質を出し、〝周りの植物の成長を阻害〟する。**この物質による妨害作用を「アレロパシー」、あるいは「他感《たかん》作用」という。

セイタカアワダチソウだけでなく、多くの植物がアレロパシーを起こす物質を持っている。日本に昔からある在来植物、例えばクルミ、マツ、ヨモギ、ヒガンバナなどにも含まれている。通常、同じ環境で育つもの同士は、長い時間をかけてそれぞれの毒への対応方法を身につける。つまり、在来植物同士は、お互いのアレロパシーへの抵抗力を持っていて、バランスを保っているのだ。

ところが、セイタカアワダチソウは突如アメリカからやってきた植物である。この植物[※1]が放出する物質に対して、日本の植物たちは対抗する手段を持っていなかった。かくして日本では、セイタカアワダチソウによる侵略が行われていったのである。

自分の行いは自分に返ってくる

人間社会においても、相手を攻撃することで自分自身やなわばりを守ろうとする者がいる。

「自分をよく見せるために相手を悪く言う」「相手の評価を下げるために、陰口を叩く」などはわかりやすい例だし、他にも、「立場を利用して部下を怒鳴りつける」などのパワハラ的な行為、「のけ者・仲間外れにする」などもこれに当たるだろう。

こうした行為により、セイタカアワダチソウが毒を放つごとく、相手への牽制《けんせい》になったり、なわばりを強化することができる。少なくとも一時的には、自分の優位性は保たれる。

ところで、先ほどのセイタカアワダチソウのアレロパシーの話には、続きがある。**セイタカアワダチソウの猛威が、近年〝陰り〟を見せているのだ。**

原因は**「自家中毒」**だという。ライバルを駆逐したセイタカアワダチソウは、それでも

※1
日本の在来種のイタドリ（タデ科）は、逆に海外で猛威を振るい、「世界の侵略的外来種ワースト100」に含まれている。

毒をばらまき続けた。その結果、何と自ら出した毒が自分を攻撃するという、皮肉な事態になったのだ。

人間社会においても同様だ。自分が過剰に撒き散らした毒は、やがて自らを攻撃してくるかもしれない。先人が残した数々の言葉が、それを物語っている。

・身から出たサビ
・自《じ》業《ごう》自《じ》得《とく》
・悪《あく》因《いん》悪《あっ》果《か》
・天《てん》罰《ばつ》覿《てき》面《めん》

どれも共通する考え方は一つ。**「自らがした行いは、必ず自分に返ってくる」**ということである。

批判は、未来の自分の選択肢を狭める

「自《じ》縄《じょう》自《じ》縛《ばく》」も、「自分の言動や行動が自分を縛って、自身を制限させてしまうこと」と

いう意味だ。

今はSNSなどで、世界中に意見をオープンに発信できるようになった。ところが、この便利なツールも、使い方を誤ると、後になって自分を縛る縄に変化してしまうかもしれない。

例えば、SNS上では、対立する意見を批判して主張し合うことがある。「会社員VS.フリーランス」のような論争だ。両者はただの雇用形態の違いであり、それぞれにメリット・デメリットがある。勝ち負けなどないと思うのだが、自分の意見を主張するために、もう一方を「〇〇はダメ」と批判するのをよく見かける。そのまま自分の意見を貫ければいいのだが、世の中はそう甘くない。

フリーランスである程度成功し、かつては正社員を強く批判していた人が、市況の変化などにより収入が苦しくなって、「やっぱり会社員になろう」となることもある。元フリーランスのその人は、その経緯を堂々と発信できるだろうか。周りは忘れているだろうなどと思って、その後も「フリーランスは云々」「会社員は云々」などと発信したら、過去の発言を元に叩かれるかもしれない。少なくとも、信頼や説得力は大きく損なわれることになるだろう。

何かを批判するということは、後で自分の状況や心境が変わったときに、かつて批判した選択肢を取りにくくなり、将来の自分の選択肢を奪うことになる。つまり、批判する対象が多ければ多いほど、自分の選択肢は狭まり、がんじがらめになってしまうのだ。

何かを、もしくは誰かを批判しなければ守れないものなど、ほとんどないはずだ。

生物がたくさんの知恵や工夫で生き抜いているように、僕たちの周りにもさまざまな方法や手段が転がっている。それでもあえて毒を吐く手法を取るのなら、後になって自分を攻撃する「諸刃の剣」となるかもしれないことを、十分肝に銘じておこう。

植物類

【ハキダメギク】

キク科

名前は
大きな引き寄せの力を持つ

街中の道端から野原まで広い範囲に生息し、直径5ミリ程度の小さな花をつける。花期は長く、初夏〜晩秋まで。花びらはフリルのような形をしていて、とてもかわいらしい。

かわいそうなネーミングのハキダメギク

僕たちが何気なく歩く道端には、フリルのような形をした花びらのハキダメギクがいる。ハキダメ（＝掃きだめ）とは、ゴミ捨て場のこと。こんなに小さくかわいらしい姿からは、そのような言葉は連想できない。

不運なことに、この植物が最初に発見された場所が「掃きだめ」だった。名前をつけるとき、「掃きだめに咲くキク」だからと安直につけられたのかもしれない。しかし、命名したのは「日本の植物学の父」ともいわれる牧野《まきの》富太郎《とみたろう》（1862〜1957）博士である。もしかしたら、「掃きだめにも咲く美しいキク」という願いが込められていたのかもしれない。

真意はよくわからないが、名前からはあまりいい印象を受けないだろうと思う。ちょっとかわいそうな植物なのである。

名前は実体を連想させる

「名前」は重要な要素である。〝中身を連想してしまう〟パワーがあるからだ。

本書で紹介している植物でいえば、

・セイタカアワダチソウ→「背が高いのかな？」「何が泡立っているんだろう？」
・ヒマワリ(Sunflower)→「太陽のような花の姿が名前に関係しているのかな？」

などは、名前からその姿や生態を想像することができる。

逆に、飼い犬の名前を聞いて、なぜこんな名前をつけたのか想像できないこともあるだろう。スマートで走るのが早い犬なのに、なぜか名前は「ポチャ夫」。名前の由来は、子犬の頃に丸々と太ってぼっちゃりしていたこと。名付けられた本人（＝飼い犬）もびっくりのギャップである。

飼い犬の名前であれば「子犬のときはぽっちゃりしていたんだよね」と話のネタにもなるかもしれないが、**商品名の場合などは、事態は深刻になりかねない。本当に届けたいお客様に商品が届かなくなってしまう可能性もある**からだ。

野鳥図鑑を出版する場合を考えてみよう。

その野鳥図鑑を、「読んでワクワクしてほしい、よく野鳥を知らない人でも気軽に楽しんでもらいたい」という企画意図で作ったとする。その際、本のタイトルが、

『野鳥大図鑑 決定版～分布から生態まで徹底解説～』だったらどうだろう。気軽なイメージは受けないし、何だか難しそうな印象を与えてしまうかもしれない。

それが、

『わくわく野鳥図鑑～身近に見られる野鳥がわかるようになる～』といったタイトルにすれば、初心者でも楽しく手に取りやすくなるのではないだろうか。

名前は大きな影響力を持つ。名前を考えるときは、聞く側が受けるイメージを意識して、慎重につけた方がいいだろう。

ネーミングで未来をコントロールせよ

ネーミングの力は、自分たちの行動を導くために活用することもできる。

例えば、ハンドルネームを「ネガティブな男」にしたとする。すると、自分自身がその言葉に引きずられて、ネガティブな行動を取るようになっていく。さらに、その名前を公開している分、周りからも〝ネガティブであること〟を求められる。うわべだけでなく、

本当にネガティブに近づいていってしまうのだ。

そこで、逆に「ポジティブな男」と命名してみる。すると強制的にポジティブな考えをする機会が多くなり、もともとポジティブではなかったとしても、結果的に以前よりはポジティブに近づいていく。

「ネーミング」によって、自分自身のマインドや行動をコントロールすることも可能なのだ。

とはいえ、いきなり名前を変えるのはハードルが高いだろう。その場合は、「なりたい自分の姿」を言語化しておくといい。

「〇〇ができるようになっている」
「〇〇な性格である」

「○○が得意である」

このように、**目指すゴールを設定するイメージ**だ。このとき、必ずしも外部に公開しなくても、自分の中でまとめておくだけでいい。書き出すだけでなく声に出してみると、より実感が湧くかもしれない。

ビジネスや自己実現においてはよく目標設定の話が出るが、僕も目標を決めておくことは大切だと思う。**自分のなりたい姿を具体化させ、「行動指針」を決めることにつながる**からだ。

仮に決められた期間内に目標を達成できなかったとしても、それほど大きな問題ではない。目標の具体化ができていれば、それに向かって行動することで、必ず目標には近づいている。歩みさえ止めなければ、いつかなりたい姿になれる可能性は高い。なりたい姿をイメージし続けること自体に意味があるのだ。

「名前」というのは、使い方次第で自分にとってプラスにもマイナスにもなる。丁重に扱い、できるだけ「プラスの効果」が得られるようにコントロールすべきだろう。

CHAPTER

2

YOWAMUSHI
NO
IKIZAMA

▼

あなたの働き方と仕事術に革命を起こす「ビジネス戦略」

昆虫類

【カブトムシ】

コウチュウ目コガネムシ科

武器は持つべきか、持たざるべきか

夏に雑木林で見られる子どもたちに大人気の昆虫。オスは大きなツノを持ち、すくい投げで相手を投げ飛ばしてしまう。メスはツノがなく、コガネムシに似た姿をしている。

カブトムシの大きなツノの意味

カブトムシは成虫になると、クヌギやコナラなどの樹液に集まる。体の大きなカブトムシはケンカが強いので、樹液場を独占している姿もよく見かける。その堂々たる姿は「昆虫の王様」にふさわしい。

カブトムシのケンカを有利に運ぶための武器が、「大きなツノ」である。立派なツノを相手の体の下に差し込み、すくい投げで遠くに投げ飛ばしてしまう。

この大技を可能にするために、〝脚の力〟が大きな役割を果たしている。カブトムシが脚で地面をつかむ力はとても強い。カブトムシを腕に乗せた経験があるなら、なかなか引き離すことができなかった覚えがあるだろう。この脚の力があるからこそ踏ん張りが効き、「すくい投げ」という強力な技を可能にしているのである。

土に潜るのが得意なカブトムシのメス

ところが、カブトムシの最大の特徴である大きなツノがメスにはない。メスは他のコガネムシ科の昆虫のように、丸っこい姿をしている。そのため、メスはケンカで相手を投げ飛ばすことはできないが、オスよりも得意なことがある。「土の中に潜ること」である。

カブトムシのメスは、なぜ強力な武器を持たなかったのだろうか。

産卵をするメスにとっては、「敵と戦う武器を持つメリットがないため」だと僕は考えている。もしケンカをして体が傷ついてしまえば、メス最大の仕事である「産卵」に支障が出る。メスにとってはそもそも戦わない方が怪我をする心配はないのだ。また、敵に襲われて、逃げる・隠れるときには、大きなツノがない方が行動しやすいし、素早く土の中に潜ることができる。捕食される危険を回避するためにも、メスにとっては大きなツノはない方が都合がいい。

武器を持つオスの方が敵に狙われやすい

カブトムシの天敵の一つに、タヌキがいる。タヌキは夜中に樹液場にやってきて、集まっているカブトムシたちを食べてしまう。雑木林を歩いていると、樹液の出ている木の根元にたくさんのカブトムシの死骸が散乱していることがあるが、あれはタヌキの可能性が高い。タヌキなどの天敵によるカブトムシの捕食行動や捕食対象の傾向について、興味深い研究が発表されている。

「残骸にはオスの割合が高いこと、残骸に含まれるオスはトラップで捕獲された個体に比べ長い角を持つことがわかりました。角の長いオスは、メスや角の短いオスに比べ、天敵に目立ちやすいなどの理由で、高い捕食圧を受けると考えられます」

出典：東京大学大学院農学生命科学研究科「カブトムシを食べたのは誰？」

カブトムシが武器であるツノを持つことは、天敵に狙われるリスクを抱えることにもなるのだ。僕は「武器を持つことのリスク」を考えた。

あえて「足さない」という選択肢もある

人は必ず何かしらの不安を感じているものである。

「○○もあった方がよいかもしれない」
「○○を持てば少しは安心できる」

しかし、**不安を感じたときに「足す」方向性だけにとらわれていると、むしろ新たなリ**

スクを抱えることになりかねない。

例えば、何かあったときのために保険に入ったとする。掛け金は銀行からの自動引き落としなので、生活の変化や健康不安などがない限り、見直しをする機会はあまりないと思う。ところが、時間の経過とともにリスクは変化する。僕自身もここ数年で、結婚したり、個人事業主になったりとさまざまな変化があった。社会を見渡すと、特に大規模な風水害などの自然災害が明らかに増え、新卒一括採用や終身雇用制度もすでに当たり前とはいえなくなった。スマホやSNSがネットから現実社会を動かしさえするように、世の中の景色が10年前とは全く違ってしまっている。

そんな現在にあって、保険の見直しをせずにほったらかしたままということは、知らず知らずのうちに大きな損失を生んでいる可能性がある。

新商品を開発するときにおいても、気をつけるべき点がある。商品の企画を進めていると、**「すべてのお客様が満足するような商品」**を考えてしまいがちだ。「もしかしたら、こう思うお客様もいるかもしれない」と、あれもこれもとたくさんの機能やメニューを詰め込みたくなる。多機能な製品はよいことだという認識は強いし、不安も減らせるだろう。しかし、デメリットもある。新商品をリリースする時期は遅くなり、リリース後の運用コストも大きくなる。**武器を持ちすぎて、身動きが取りにくくなってしまう**のだ。

これらの状況を回避するためには、「足す」方向性だけでなく、カブトムシのメスのように「引く」ことも考えるべきだ。その判断をするためには、**「自分にとって何が一番のリスクか」を理解しておく、もしくは決定する必要がある。その基準に応じて、本当に必要なものだけを取り入れる**のだ。

Appleが開発した「iPhone」はそのいい例だ。「シンプルなデザイン」「不要な機能説明をつけない」という明確なコンセプトは、まさに「引き算」の考え方である。結果は世界の市場を見ればわかるだろう。

ちなみに、カブトムシのオスはツノを「足す」決断をしたが、この判断が誤りなわけでは決してない。それは、カブトムシのオスが、「天敵に見つかるよりも、ライバルに樹液場やメスを奪われるリスクの方が致命的な問題」としたゆえの進化だからだ。大きなツノはメスにとっては邪魔であっても、オスにとっては必要な武器だったのだ。彼らが長い間生き残り、メジャーな昆虫として君臨し続けているということは、彼らの判断が正解だった証拠である。

カブトムシのように、僕たちも「何を一番守るべきか」を判断した上で、どんな武器を持つかを決める必要があるのだ。

昆虫類

【フユシャク】

チョウ目シャクガ科

ライバルのいない環境で生きるには覚悟が必要

冬に活動するシャクガの総称。オスは一般的にイメージする蛾の姿をしているが、メスははねが退化していて、小さいか完全になくなっており、空中を飛ぶことはできない。

冬は昆虫の活動に向かない季節

冬季は多くの植物が葉を落とし、花を咲かせるものも少ない。昆虫にとっては餌を得ることが難しい季節だ。それに、生き物は基本的に体温が高いほど素早く動くことができるのだが、昆虫のほとんどは外気温によって体温が変化する「外温性」という性質を持つ。冬は外気温が低いため、昆虫の動きも鈍くなってしまう。多くの昆虫たちにとって、冬は活動に向かない季節なのだ。

あえて冬に活動するというブルーオーシャン戦略

しかし、その冬にあえて活動する昆虫がいる。それが、「フユシャク」たちだ。

フユシャクは、シャクガ科に属する蛾のうち、フユ（＝冬）に羽化する蛾の総称で、特定の種を指すわけではない。彼らに共通する特徴は、「冬に活動する」ということだ。

なぜフユシャクたちは冬に活動するのだろうか。

「ライバルの少ない季節に活動することで、天敵や競争を避けている」というのが、研究者たちの共通認識である。

確かに冬は肉食性昆虫も活動していないし、トカゲやカエルなどの両生類・爬虫類も活動していない。他者によって命を奪われる可能性は、他の時期と比べればはるかに低いだろう。

フユシャクの行動は、ビジネスでいえば、まさしく**「ブルーオーシャン戦略」**なのである。

ブルーオーシャンとは、ビジネス用語としてよく使われる言葉で、「新市場や、競合の少ない市場」を指す。これらの市場は、概して市場規模が大きくない。そのため、強力なライバルはまだ参入していない、もしくは市場が小さ過ぎて参入してこない。弱者はこういった市場を狙って事業展開することで、強力なライバルとの戦いを避けることができるのだ。

この部分だけを聞くと、強者が攻めてこない市場は、「弱者にとっての安全地帯」であるかのようだが、そう甘い話ではない。その市場がブルーオーシャンであることには、当然理由があるからだ。

フユシャクが冬に生き抜くための工夫

もし天敵がいないのなら、フユシャクにとっても夏の方が過ごしやすいに違いない。あえて冬のような厳しい環境で活動するために、フユシャクたちが行っている特徴的な工夫が二つある。

1．餌を取らない

フユシャクたちは、成虫になると餌を取らなくなる。寒さが厳しい時期に餌が体内にあると、体が凍結する原因になり得るからだ。フユシャクたちは**成虫になった後に生き長らえることは諦め、繁殖活動だけに専念することを選んだ**のである。そのためフユシャクの成虫には、他のチョウ目の昆虫が持つ、ストローのような口吻さえない。

2．メスは空中を飛ばない

もう一つの工夫は、メスが飛ばないことだ。ほとんどの昆虫の成虫には「はね」がある。はねを持つことで、空中を飛び、遠距離のパートナーを探すことが可能となる。

しかし、フユシャクのメスははねが退化しており、非常に短くなっているか、完全に消失している。冬に活動するには大きなはねを持つことは不利になるからだ。

空を飛ぶにははねを速く動かす必要があるため、エネルギーが必要となる。冬は餌が乏《とぼ》しく外気温も低いため、エネルギーを得にくい。空中を飛ぶことによるエネルギーの消耗はできるだけ避けたい。また、はねを持つと表面積が大きくなるため体温が奪われてしまう。**メスには産卵という大仕事がある。エネルギーのすべてをこの活動に集中させるため、空を飛ぶことを捨てた**のである。

では、オスとメスはどうやって出会うのか。それはメスが「フェロモン」を出すことでカバーした。オスは他の蛾同様にはねを持っている。メスは長距離移動できないが、フェロモンに誘引されたオスが空中を飛んでメスに集まってくるのである。

このように、フユシャクには他の昆虫たちにはない特徴がある。僕はこれらを「工夫」と表現したが、**実質的には「生き物としての機能の制限」である。**他の昆虫たちのように暖かい時期に活動するのであれば、フユシャクたちにこのような制限は必要なかったはずだ。しかし彼らはブルーオーシャンである冬に活動するため、自らに厳しい制限を課す必要があった。ブルーオーシャンで生き抜くのは、簡単なことではないのだ。

ブルーオーシャンで生き抜くカギは「属人化」

人間社会のブルーオーシャンにおいても、自然界同様に〝条件〟がある。それは、「強者が参入してこない状況である」ということだ。

残念ながら、**弱者が強者と正面衝突して勝つことは、ほとんどない。そのため、強者が参入しない「規模の小さな市場」「強者が力を発揮できない市場」のような場所をあえて選ぶ必要がある。**

強者である大企業の得意な戦い方に、資本力や人的資源を活かした「大量生産」がある。これを封じるための弱者の策の一つが「属人化」である。

属人化とは、特定の人にしかできない仕事のこと。その作業をするには専門的な知識や技術が必要で、手順が複雑すぎる上に経験値の要素が大きいなど、すぐにはまねができないし、マニュアル化も難しい。

例えば、中古本・中古家電チェーン店に本や家電製品を売りに行くと、買取対象の製品が少なかったり、買取料金もある程度一律であったりする。それは、全国の従業員が等しく査定できるように取扱商品を制限し、いわゆる「マニュアル化」されているからだ。一

方で、町の小さな中古品販売店に持っていくと、思いもよらない価格で引き取ってくれることもある。商品の目利きができる技術・知識を持つプロが対応するので、査定できる商品が幅広くなるのだ。

このような他の人で代替できない仕事、マニュアル化できない仕事というのは、資本力では解決しにくい。仮に解決できたとしても、その市場規模がコストに見合わなければ参入することはほとんどない。小さな会社がブルーオーシャンで生き抜くためには、大企業が入ってこないような障壁を作ることが肝要である。

属人化を進めるのは、かなり〝苦しい制限〟でもある。そもそも多くの人が代替できない・やりたくない仕事というのは、**「面倒できつい」**または**「その領域に達するのに、多くの時間や努力を要する」**、もしくはその両方である。さらに、それほどの労力を費《つい》やしてもその市場の規模が小さかったら、見返りも小さいかもしれない。

フユシャクは過酷な冬を生き抜くことに未来を託し、命をつないできた。**私たちがブルーオーシャンで戦い続けるには、フユシャクと同じく覚悟が必要**である。

昆虫類

【オトシブミ】

コウチュウ目オトシブミ科

会社員であることのメリットを再認識せよ

赤と黒の体を持つ小さな甲虫で、広葉樹林の※1林縁《りんえん》でよく見られる。メスは植物の葉の中心に卵を産みつけ、それを巻いてゆりかごを作る（ヒゲナガオトシブミなど、種によっては巻いてから穴を開けて卵を産みつける）。オトシブミという名前は巻いた葉が「落とし文」（江戸時代の手紙）に似ていることからついた。

オトシブミのゆりかご

オトシブミのメスは、**植物の葉の中央に卵を産み、筒状に巻いて、「揺籃《ようらん》」と呼ばれる「ゆりかご」のようなものを作る。**

ゆりかごの制作工程をヒゲナガオトシブミで見てみよう。

1　葉を選び、点検をする
←
2　葉を切る
←
3　葉の裏側に傷をつける
←
4　葉を折り曲げる
←
5　葉を巻く。葉の中央に穴を開けて、中に産卵する
←

※1
林の周辺部。

6 葉を巻き切る

↓

7 2で残していた葉の一部分を切り、ゆりかごを地面に落とす

1では、特定のルートを歩き回って、葉を切る位置の測定を入念に行う。3では、葉の裏側を歩きながら咬《か》み傷をつける。葉のハリをなくして、巻きやすくするためだ。ゆりかごの制作には、驚くほど丁寧かつさまざまな工夫が込められているのだ。

完成したゆりかごを触ってみると、想像以上に頑丈である。葉が巻き戻って勝手に開いてしまうようなこともない。中を開けるには、人間の手でも丁寧に開いていかねばならない。ゆりかごの断面を見ると葉の中心に空洞があり、そこに見事に卵が収められている。これをあの小さな体で作るというのだから驚きだ。

ゆりかごは安全と成長を両立させる装置である

オトシブミのゆりかご作りは、オトシブミの祖先たちが、大切な子どもたちを安全に育てるために編み出した技《わざ》である。

「外敵や風雨などからわが子を守るための強力なシールド」という役割だけではない。「食べられる」シールドでもある。オトシブミは安全なゆりかごの中で卵から孵化して幼虫になる。幼虫は、ゆりかごを食べながら成虫になるまでここで過ごす。

オトシブミのゆりかごは、身の安全と同時に成長をサポートする、画期的かつ理想的な装置でもあるのだ。

会社という最高のゆりかご

安全と成長。この二つの両立を人間社会で考えたとき、僕は**「ゆりかご＝会社」**であり、**「会社員でいることのメリット」**をすぐに思い描いた。

日本では、正社員になると企業から強制的に解雇されることはほとんどない。というのも、企業側が労働者を解雇するには、法律で厳しい条件が定められているからだ。オトシブミのゆりかごのように、会社員は「労働基準法」や「労働組合法」など、**厚い法律の壁に守られた安全な環境**にいるのだ。

会社員の利点はもう一つある。それは「成長するための環境が用意されている」という

ことだ。

例えば、事業を行うには設備投資が必要だ。飲食店であれば、調理器具や店舗、会計の設備など考えればキリがない。これをすべて個人で揃えるとなると、自分の懐《ふところ》を相当に痛めることになるし、もし失敗しようものなら、大借金を抱えるリスクも生じてくる。しかし、会社員であれば会社のお金で高額な設備を自由に使うことができる。仕入れをする際にも、売れ残りが発生した場合でも、責任上の苦しさはあるだろうが身銭を切ることはない。

ただし、会社員は決して「ラク」ではない。僕も会社員として過ごした時間が長いのでよくわかるのだが、組織の一員であるがゆえの制約が多く、社内調整や人間関係に時間を費やすことが多々ある。個人事業主となってから一番感じた違いはそこだった。

会社員になると、情報も自動的に集まってくる。僕がフリーランスになって感じるのは、個人で十分な情報を得るのは難しいということだ。人が100人集まれば100人の目と100人の耳がそこにある。僕個人での情報収集量とは物理的な差が大きい。しかも社内で共有される情報というのは、業務に必要な情報がフィルタリングされたものだ。僕が属するIT業界は情報の更新が特に速い。「情報を得られる環境に身を置く」ことが、僕が企業から業務委託の仕事を受ける一つの理由にもなっている。

会社員は、これらの「設備・人・情報」という環境を用いてさまざまな挑戦ができる。しかも失敗したとしても、そこに大きなリスクはない上、**自身にとっての貴重な学び**ともなっていく。

そうなると、会社は自分を成長させるにはこれ以上ない最適な環境だといえる。これはまさに人間社会の「ゆりかご」ではないだろうか。この**「ゆりかご」の存在に気づき、最大限活用しながら自己成長を目指していく**しかないだろう。

鳥類

【マガン】

カモ目カモ科

自分の心の一部に
見張り役を置いておく

日本では冬に飛来する「冬鳥」。夜は湖沼《こしょう》で過ごし、昼は付近の水田などで餌を探す。毎年数万羽のガンが越冬する宮城県の伊豆沼《いずぬま》で、多数のガンたちが「ねぐら入り」※1「ねぐら立ち」※2するときの迫力は圧巻。

警戒心の強いマガン

動物たちには、複数の仲間が集まり、「群れ」で行動するものたちがいる。マガンも群れで行動する動物だ。

マガンが日本で越冬するときは、父、母、子どもたちという「家族単位」で行動する。多数の家族が集まって、大きな群れを作ることもある。

マガンは警戒心の強い鳥だ。こちらとかなりの距離があっても、警戒するといっせいに飛び去ってしまう。彼らには群れを守るための〝ある仕組み〟がある。「見張り役」がいるのである。

農耕地などでマガンの群れを見つけると、みな首を下げて一心不乱に餌を食べていることが多い。ところが、**群れをよく観察していると、餌を食べずに首を上げて、ずっと周囲を観察している個体がいる。この個体が、見張り役だ。**

例えば、人が一定以上の距離に近づくと、まず見張り役が警戒し始める。そして見張り役が警戒を周囲に伝えると、他の仲間も首を上げて警戒態勢を取る。この状態でさらに近づくと、群れは飛び立ってしまう。見張り役を置くという仕組みがあることで、マガンは群れの危険を回避しているのだ。

※1 夕方頃、ねぐらに戻ってくること。

※2 朝、ねぐらから飛び立つこと。

警戒を怠ると痛い目に遭う

「新作を発表したら、思った以上によい結果が出た」
「業績が順調に伸び続けている」
「大きな失敗はまだ一度もしていない」
人は、よい結果・よい状況が続くと、油断をしてしまう。

しかし、いくら調子がよくても、不測の事態は起きる。そんなときには、通常よりも手痛いダメージを負ってしまうことがある。

僕は自然観察において山に登ることがよくある。その道中で転んで脚に怪我をすることもたまにある。振り返ってみると、登りで一歩一歩階段を登っているときには転んで怪我をした記憶はほとんどない。では、どういうときに転んだり脚を打ってしまうのか。

一つは、「生き物を見つけて足元を見ていないとき」である。

鳥の声が聞こえたりすると、登山のつらさも忘れて、目線を上げて、足元を見ずにどんどん歩いてしまう。そんなときに石に足をぶつけたり、つまずくのである。上を見て歩いていて、足元が凍っていているのに気づかず転んだこともある。

そして二つ目は、「急いで下っているとき」だ。

「早く下山して、もう1カ所ポイントを回ろう」。そんなことを考えて気が焦っているから、注意深く足元を見ていない。また、登りで一度通った道なので油断している。さらに、何時間もかけて登山しているため、脚には疲労がたまっている。気持ちとは裏腹に、体は思ったように動いてくれないのだ。こういったときは特に派手に転んで、ダメージも大きくなりがちだ。

怪我をするのはやはり「浮かれているとき」「油断したとき」であり、**「冷静に行動していないとき」**であることが多い。

「見張り役」を置く

油断から身を守るためには、マガンの習性はよい学びになる。

調子のよいときこそ、マガンのように**「見張り役」に徹する者**がいるべきだ。**いい結果が出てチーム内が浮かれているときでも、冷静沈着に現状を把握する目は必要**なのである。

「今の好状況は、自分たちの実力によるものなのか」
「本当に今後も好状況は続くのか」
「見落としている課題はないか」

この役割を行う者がいることで現状を正しく捉え、足元をすくわれるような事態を早期に発見できるだろう。

人間の心がけで「見張り」を意識することは大切だ。しかし、**今の時代ならではの解決策もある。機械による「自動化」「スマート化」**だ。

機械には、よくも悪くも感情がない。僕たち人間のように、その日の気分で舞い上がったり油断することがないので、**「チェック＝見張り」を機械に任せるこ**

とは非常に合理的である。

「特定条件を満たした場合、アラートが鳴る」

「チェックツールを定期的に実行する」

できることがあれば、積極的に機械に任せてしまおう。そうすれば、問題があれば容赦なく僕らにエラーを通知してくれる。

とはいえ、大きな経営判断や、常時起きるさまざまな判断のすべてを機械に任せることはできない。どんなに周囲が舞い上がっていても、自分の心の中の一部にはマガンの見張り役のようなものを置く。冷静に周りを見渡し、チームを危険から守ろう。

鳥類

【クイナ】

ツル目クイナ科

「軸」を一本持ち、器用貧乏から抜け出そう

ヨシ原などの湿地でよく見られる。とても臆病な鳥で、餌を探すときも周りを警戒しながら、抜き足差し足で歩く。危険を感じるとすぐに走って草むらの中に隠れてしまう。

クイナはジェネラリスト

クイナは水辺に生息する鳥だ。主な行動場所は陸上であり、湿地帯のヨシ原などを歩き回って生活する。

クイナは器用な鳥で、水・陸・空のどれにでも対応できるオールラウンダータイプである。ビジネスで言うならば、「スペシャリスト」よりも「ジェネラリスト」だろう。

スペシャリスト……特定の分野を専門に突き抜けた能力を持つ人
ジェネラリスト……幅広い分野の知識や技能、経験を持つ人

例えば、クイナは危険を感じると走って逃げ、ヨシ原に隠れてしまうことが多い。だが状況に応じて泳いで逃げたり、時には空を飛んで逃げる。実際に僕も観察地でそうやって逃げられてしまった経験がある。

クイナは水・陸・空どの分野もこなせる一方で、それぞれの完成度は高くない。

泳ぐとき、クイナは首を忙しく振ることで何とか推進力をつけて前に進むが、カモは足に水かきがついているので、スイスイと泳ぐことができる。空に関しても、クイナはバタバタと頑張って羽ばたく感じで、一度に長い距離は飛ばない。同じくらいの大きさのヒヨ※1

※1
スズメ目ヒヨドリ科。秋～冬は街中でもよく見られる「ヒーヨ、ヒーヨ」と鳴く鳥。花の蜜や果実など、甘いものが好き。

ドリの飛行と比べると、飛ぶのはかなり下手な印象を受ける。

器用貧乏は大きな組織では不利である

さまざまなことに精通しているのは、基本的に〝よいこと〟だ。

人間社会で考えると、特にスタートアップなど人手の少ない企業では、専門分野以外のことにも対応できる人材というのは貴重な存在だろう。各人が特定分野にしか対応できないと人数を増やさざるを得ないが、小規模な会社に人員を増やす資金的な余裕はない。ならば、限られた人員が相互にフォローし合うことが必要だ。スタートアップに携わるなら、担当範囲の幅はあるが、ある程度ジェネラリストの要素が求められるだろう。

ところが、**世の中には「器用貧乏」という言葉がある。器用貧乏とは、〝器用に幅広いことをこなせる代わりに、それぞれが中途半端になってしまう〟という意味**を持つ。ジェネラリストは、得てして器用貧乏といわれ、ネガティブなイメージを持たれることが多い。「他者が代替できる」ケースも多いので、その人ならではのユニークな価値を生み出しにくいからだ。

さらに、**これからの時代は、単純作業や特定のルールでできる仕事は、機械やAIに取って代わられていく**だろう。スーパーには無人の精算機が次々と導入されているし、経費管理や入力作業に代替される便利な会計ソフトも数多く発売されている。代替されるスキルだけを複数持っていても、強みとはなりにくい。

特に人員が多かったり、資金力のある大きな組織では、スキルを幅広く、たくさん身につけていっても価値は上がらない。そういう環境では、**他の人には対応できない〝自分ならではの得意分野〟が求められる**のだ。

軸を持つことで深みをつける

クイナの生態が、器用貧乏を打開する一つのヒントになる。

クイナは水・陸・空すべてに対応している。しかし、陸に比べると水・空の領域は得意とはいえない。

クイナは普段、ほとんど陸上で行動していて、水・空はあまり使わない。つまりクイナは、地上生活を「軸」にして、泳ぎと飛行は「補助」として使っているのだ。クイナが走って逃げる様子を見ると、かなりの速さで走れることがわかる。鳥の仲間でクイナほど地上で俊敏に動き回れる鳥は、それほど多くないだろう。

同じように器用貧乏な人も、特定分野に「軸」を決めて深みをつけることが解決のヒン

トになると思う。**軸があると、マルチなスキルや経験は、軸となる能力を強化したり、他の市場で戦う武器に変化することがある**のだ。

企画職を軸にしている人が「料理」に詳しければ、グルメ系の企画の仕事で役立ったり、料理を使ったイベント企画ができるかもしれない。また、営業職を軸にしている人が「鉄道」に詳しければ、路線ネタやローカルな名物の話がクライアントとの会話に使えるかもしれない。

ちなみに僕の軸は「エンジニア」だ。ほぼエンジニアリングだけを10年間ほど経験したおかげで、エンジニアとしてのスキルを深掘りすることができた。この経験は現在、フリーランスのさまざまな活動で活かせている。

例えば「自然観察」では、観察した生

き物を整理するためのツールを自作して効率化している。「ブログ」ではエンジニアリングができるおかげで、見た目などのカスタマイズができるし、執筆作業も効率化できる。

また、個人事業主になってからの数年間の活動において「自然観察」と「ブログ」は、第2、第3の軸として形作られつつある。そして、この二つを集中して経験して育ててきたおかげで、派生してできる仕事が増えてきたのだ。

ただし、軸を作るには「時間」と「労力」がかかる。時間というのは、期間とは違う。その分野にどれだけの時間を費やしたか、ということだ。

僕は自然に関する事業を行うと決めてから、年間100回以上自然観察に行っている。3年間であれば、300回以上の観察経験を積んだということだ。これがもし年間30回だとすれば、同じ「300回の自然観察経験」を積むのに〝10年間かかる〟ことになる。また ブログは、最初の1年間は150記事ほど書いた。何度も書き直したり、下書きまで書いて破棄したものもあるので、300記事分くらいの文章は書いたと思う。これだけの労力と時間を費やしたからこそ、自分の血肉になっているのだと、僕は思っている。**軸はできるだけ早く作った方が、その後の広がりが生まれて有益**だと思う。何か勉強をするのなら、短期間に集中的にやる。1〜2年も経てば、きっと自分の武器が増えているはずだ。

自分の武器ができれば「器用貧乏」にはならない。きっと、「マルチなスキルを持つ貴重な人材」に変身していることだろう。

鳥類

【ミサゴ】

タカ目ミサゴ科

「すみ分け」で強者との正面衝突を回避せよ

川や海、湖などの水辺に住むタカの仲間。主に魚を食べる。沖合の杭で休んでいたり、水辺近くの電柱などでよく見られる。

タカの種類によって狩りの対象が違う？

ミサゴは、水辺に住むタカだ。182ページで紹介しているオオタカ同様、他の動物を狩って食べる猛禽類である。

ミサゴが他のタカ類と大きく異なるのは、「魚」を狩りの対象としていることだ。ミサゴは海や湖の上空をひらひらと舞い、魚を見つけると突如急降下して水中にダイビング。水から上がってきたときには、脚に大きな獲物をつかんでいる。そのまま狩った獲物を持って自分の落ち着ける場所に移動し、ゆっくりと食事をする。

猛禽類というと、ネズミなどの「哺乳類」や、「小鳥」「両生類」「爬虫類」といった小動物たちを狙うイメージがある。ところが、**種類によって狩りの対象が異なる。ミサゴのように魚を狩るものもいれば、トビは動物の死骸も食べる。**ハチクマ[※1]という、ハチを好んで食べるタカもいる。

同じタカ類の中でも、狩りの対象を少しずつずらすことによって、衝突が起きないように「すみ分け」をしているのだ。

※1　タカ目タカ科。日本では夏に飛来する夏鳥で、ハチを好んで食べる。

カレーパンと焼きそばパンは衝突しない

僕たちの生活の中でも、「すみ分け」は大事な戦略だ。すみ分けができないと、「衝突」が生まれてしまう。

例えば、仮に人間みんなが「カレーパン」しか食べないとする。その場合、もしそこにさまざまなパンが置かれていたとしても、みんなで「カレーパン」を取り合うことになる。「衝突」を回避するためには、物理的、あるいは経済的な手段によって合意形成するなど、何らかの決着をつけねばならない。もしこれがタカ同士の間だったら、物理的な争い（＝戦い）に発展するだろう。正面衝突になると、力の強いもの、体が大きなものが断然有利だ。

つまり衝突が発生した時点で、諦めるのは基本的に「弱者」となるのである。もしカレーパンの争いの場に格闘技のプロがいたら、僕は戦って負けるか、カレーパンを諦めるしかないだろう。

これに対し、弱者に生き残りの道を与えるのが「すみ分け」だ。

パンの例でいえば、「カレーパン」が好きな人だけでなく、「焼きそばパン」が好きな人や「メロンパン」が好きな人がいれば、衝突が発生する可能性は低くなる。人気の高いカレーパンでなく他の選択肢があることで、弱者は飢えを避けられるのだ。

第一次世界大戦の頃、イギリスの航空工学エンジニアF・W・ランチェスター（1868〜1946）が発見した戦いの法則に「ランチェスター戦略」がある。現在ではビジネス戦略としてもよく使われている。「ランチェスター戦略」には、**〝弱者は強者との正面衝突を避ける〟**という指針がある。すみ分けはこの指針を具体化したものの一つといえる。弱者にとっては、〝強者といかに争わないようにするか〟が重要なのだ。

「すみ分け」は弱者に生き残りの道を残す

「メルカリ」は有名なフリマアプリだ。今では多くの人が知るこのサービスも、立ち上げは〝弱者〟の立場から始まった。

メルカリとよく比較されるサービスに「ヤフオク！」がある。

個人同士が商品を売買するというサービス内容から見ると、両者のサービス形態はよく似ている。ユーザー層も衝突しそうである。そのため、メルカリはすでに飽和された市場への後発参入であり、成功は難しいと思われたが、株式会社メルカリは2018年に上場するまでに成長した。

メルカリ創業者の山田進太郎氏は、メルカリの成功について、過去のインタビューでこう答えている。

「オークションとフリマの違いというよりは、ＰＣとスマホの違いが大きいかもしれません。ＣtoＣは、売り手と買い手が必要ですよね。日本におけるネットオークションは、〝ヤフオク！〟の独壇場でした。ヤフオク！のＰＣプラットフォームに対して、売り手も買い手もＰＣの環境をそろえていたんです」

「フリマは、スマートデバイスに合っているのかもしれません。…（中略）…スマホでやるのに、１週間や10日なんて待っていられないですよね。」

出典：「900万DLのフリマアプリ『メルカリ』はなぜ成功したか？
山田進太郎代表インタビュー」（週刊アスキー）

一見、同じように見えた両者だが、「メルカリ＝スマホユーザー」「ヤフオク！＝PCユーザー」と対象のユーザーが異なっている。スマホ向けの個人売買サービスというのは、今までにない市場だった。つまり、新規市場である。そのため、ヤフオク！のターゲットユーザーを奪う形にはならなかった。結果、強者と正面衝突することなく、事業展開ができたのである。**対象エリアや対象ユーザーの「すみ分け」によって、既存サービスと衝突せずに済むことは可能**なのだ。

ただ、このようにすみ分けに成功した後、注意すべきことが一つある。それは、後からの強者の参入だ。

進出した市場のポテンシャルが思いのほか大きかった場合、後からそのポテンシャルに気づいた強者が、自分の領域に踏み入ってくることがある。その場合、自分の力を高めて自らが「強者」となって戦うか、それともまた新たにすみ分けができる場所を探すのか、選択をする必要があるだろう。

最初は誰もが弱者から始まる。しかし、「すみ分け」を活用することによって、強者の戦いを避けて生き残ることができるのだ。

鳥類

【アオゲラ】

キツツキ目キツツキ科

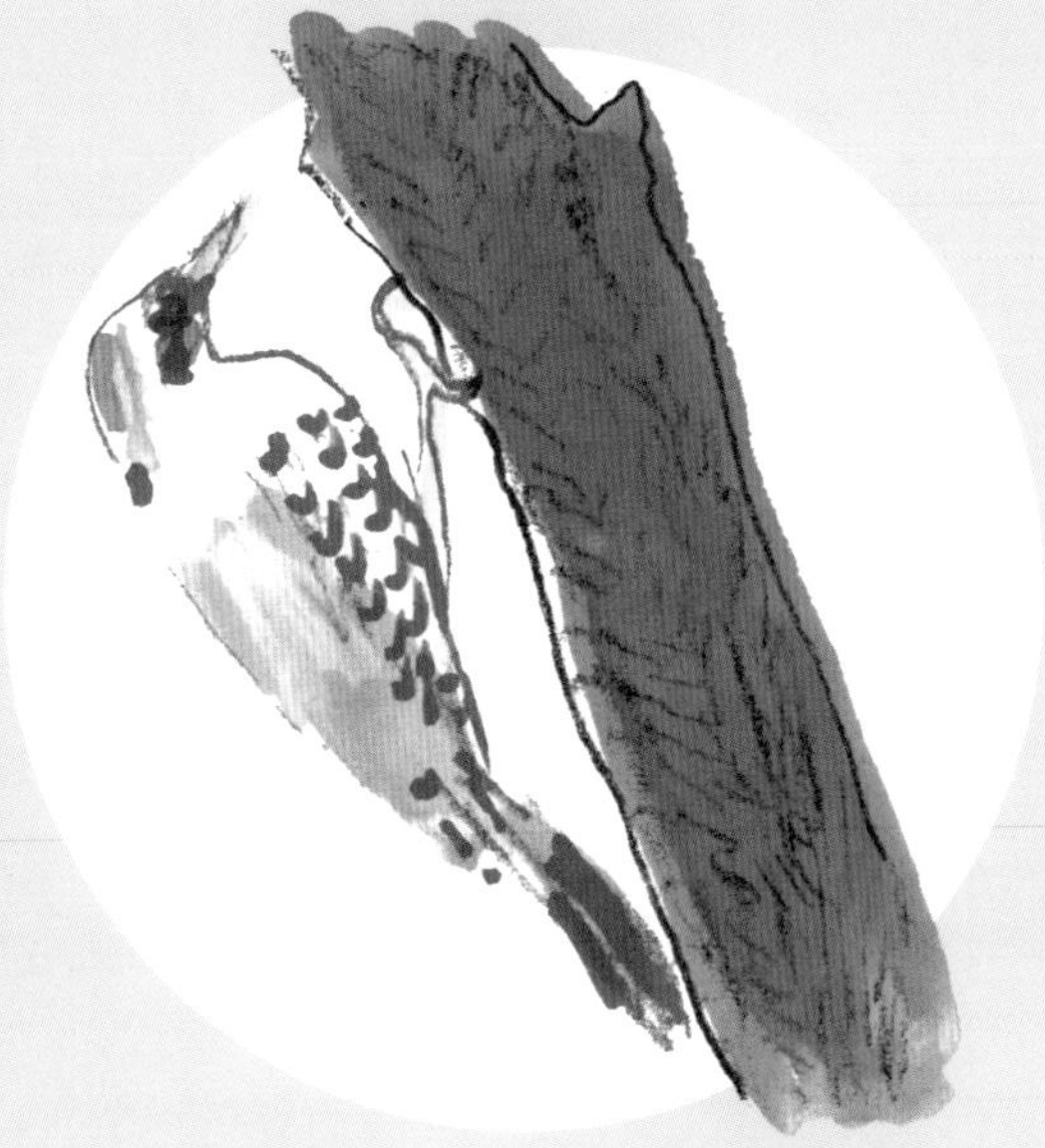

周りを豊かにする仕事は、自分のためにもなる

緑色の姿をした、日本固有種のキツツキ。緑の多い森や林に生息している。春〜夏にかけての繁殖期には、大きな音を立てて高速で木をつつく（ドラミング）姿をよく見ることができる。

キツツキは森の大工さん

アオゲラは、日本だけに生息する「キツツキ」の仲間である。

キツツキといえば、「木をつつく」行動が特徴的で、名前の由来にもなっている。ただ、正確な由来は「〝木〟ツツキ」ではなく、「〝ケラ〟ツツキ」（ケラ[※1]＝虫のこと）。キツツキが木をつついて虫を食べる様子から「ケラツツキ」と呼ばれ、それが転じて「キツツキ」となったともいわれている。

キツツキは、森に住む生き物たちにとって大切な鳥だ。

なぜなら、キツツキは**「森のさまざまな生き物たちの生活」をよくし、森を育むことにも貢献している**からだ。

キツツキが木をつつく理由は大きく二つある。

一つは名前の由来のように、餌（木の中にいる虫）を取るとき。二つ目は、ねぐらや子育て用の巣穴を作るためだ。

キツツキが作った巣穴（樹洞《じゅどう》）は、彼ら自身、子育ての時期にしか使わない。ヒナが巣

※1
ケラというバッタ目の一種がいる（「おけら」と呼ばれる）が、ここでいうケラは虫の総称を指す。ちなみにバッタ目のケラは、モグラのような地中生活に適した姿をしている。

立てば使われなくなる。すると、この空いた樹洞は、スズメバチなどの昆虫、シジュウカラ[※2]などのカラ類やフクロウ類などの鳥類、アオダイショウ[※3]などの爬虫類、モモンガなどの哺乳類など、実に**多様な動物たちによって二次利用される。**ちなみに、樹洞を繁殖に使う生き物を「二次樹洞営巣種」と呼び、ねぐらとして使う生き物を「二次樹洞利用種」と呼ぶ。実は、これら二次利用する動物たちは、自ら樹洞を作ることができない。つまりキツツキたちが、彼らが暮らす「家」を作っているのだ。

それも一度限りではない。キツツキは毎年新しく巣を作り直すので、動物たちの家も毎年作り続けることになる。キツツキはさながら「森の大工」のような役割を担っているのだ。

「与える」ことで自分の生活も豊かになる

キツツキは、動物たちに新しい家を提供している一方で、巡り巡って他の動物たちに支えられている側面もある。

例えば、クマは森の保全や維持に寄与していることから、「生態系エンジニア」とも呼ばれている。木の上に登り、木の枝を折りながら木の実や果実を食べる。このとき、クマ

※2
→260ページ。

※3
有隣《ゆうりん》目ナミヘビ科のヘビ。1〜2メートルの大きさになる、日本本土では最大のヘビ。毒は持たない。

が木を折ることで、森の中に光が差し込むようになる。背が低く光が得られなかった植物にも、成長するチャンスが与えられる。クマは、ハチが好物だ。蜂蜜だけでなく、蜂の成虫、幼虫なども食べる。つまり、キツツキが作った巣穴に住みついたスズメバチも食べる。キツツキが樹洞を作ったことによって、スズメバチが生活できるようになり、それが間接的にクマの生活にも貢献しているのだ。

また、キツツキが作った巣穴で生活する小鳥たちは、森の木の実を食べ、飛んで移動して糞をすることで、植物たちの種子分散に貢献している。彼らのおかげで、森は繰り返し若返ることができるのだ。

キツツキは樹木に依存した生活をしている。森の木が供給され続けなければ生きてはいけない。そのためには、クマや小鳥たちの働きによる、森の樹木の循環は欠かせない。

キツツキ本人は、他の動物たちの生活を助けよう、と思って巣穴を作っているわけではないと思うが、**結果的に自分が家を提供した動物たちによって、キツツキたちの生活は支えられている。**

人間社会でも、キツツキと同様のことが起きている。

ある町に通信会社がインターネット回線を整備する

←町での生活がしやすくなり、徐々に人が町に集まる
←人口が増えることで、町にさまざまなサービスを提供するお店ができる
←住みやすく豊かな町となり、回線を整備した企業にとってもお客様が増える

このように、自分が社会に貢献したことは巡り巡って自分に返ってくる。一人ひとりの「与える」仕事が、社会という森全体を豊かにしていくのだ。

自分の仕事で望む社会を作る

僕は個人事業主として生き物の魅力を発信している。

事業を始めた時点では明確な目標があったわけではなく「自然に関わる仕事をしてみたい」というフワッとしたイメージだった。しかし事業を始めて生き物を知っていくうちに、あっという間に生き物の魅力に取りつかれていった。今は自然観察に行っていろいろな生き物に出会えることに、これ以上ない喜びを感じている。

一方でさまざまな生き物が絶滅や、危機に追いやられている現状をたくさん知った。「魅力的な生き物たちを、未来でも同じように見られるのだろうか」という課題も強く感じた。そこから**「未来でも今以上に、生き物が見られる社会を作る」という、今掲げている目標が見えてきた**のだ。

僕だけが個人的に生き物を楽しむだけなら、単純な方法だが、見つけた虫などの生き物をすべて捕まえて家に持ち帰ることだろう。いつでも好きなだけ、大好きな生き物を見ていられる。しかしそのようにして僕個人が楽しんでいるだけでは、目指す社会に近づくことはできない。そこで僕はアプリやブログで生き物の魅力を発信することにした。**生き物たちの魅力をまだ知らない人に伝えていけば、生き物や自然環境に興味を持つ人が増える。自然を愛する人たちが身近な自然を大切にしてくれることで、多様な生き物たちを見られる社会に近づくかもしれない、**そう思ったのだ。

生き物の魅力を発信する活動の一つとして、僕は小学校で生物観察クラブの講師を3年ほど担当していた。1年目に、ある女の子がクラブに入った。その子はあまり虫に興味はないように見えたが、続けていくうちに真剣に僕の話を聞くようになり、メモを取るようにもなった。2年目になる頃には下級生に「虫[※4]を触るときは、傷つけないように優しく触るんだよ」などと指導してくれるほどになった。

※4 例えば、チョウ目が持つ鱗粉《りんぷん》には、水を弾いてはねが濡れるのを防いだり、空気抵抗を調整する役割がある。むやみにチョウをつかんだりすると鱗粉が取れ、彼らに負荷を与えてしまう。

小さな一歩ではあるが、僕の望む「未来にもよりよい自然が見られる社会」に近づいたことを実感した瞬間だった。

こうした考えは、仕事においても当てはまる。小さな行動かもしれないが、発信すること、続けることで環境や未来を変えることはできる、と僕は考えている。

「売り上げを伸ばす」「できるだけお金を稼ぐ」といった、内向きの方向性だけではなく、自分の仕事を通じて「社会に何を届けるか」「どんなよい影響を与えるか」といった外向きの方向性も考えてみよう。

一人ひとりが「与える」行動を起こすことによって、「自分と社会の豊かさの両立」は可能なのだ。

植物類

【オニグルミ】

クルミ科

身の回りの当たり前の環境にある強みを探せ

河原でよく見られる樹木で、秋に熟す実は古くから食用とされてきた。花が咲くのは初夏。枝先に赤色の雌花序《しかじょ》と、葉のわきにイモムシのような房状の、緑色の雄花序《ゆうかじょ》がつく。

オニグルミは「環境」を利用して種を運ぶ

オニグルミの種子は、いわゆる「クルミ」である（僕たちが食材とする市販のクルミには、オニグルミ以外のさまざまなクルミも含まれる）。このクルミの中に、「胚珠《はいしゅ》」があり、食用にされる。

植物の種子散布には昆虫や動物、鳥、風などいろいろあるが、オニグルミの場合は主に「水」だ。名前の通り「水散布《みずさんぷ》」と呼ばれる。

オニグルミを探してみると、河原で見かけることが多い。オニグルミの果実であるクルミは、殻の内側に空洞があるので水に浮く性質がある。そのため、河原に落ちたクルミは、**洪水などが起きるとまるで桃太郎の桃のごとく「どんぶらこ、どんぶらこ」と川下《かわしも》に流される。クルミはそこで発芽し、分布を拡大していくのだ。**

生息する環境の中で、「どうやったら効率よく種子を散布できるか」という問題を解決するために、長い時間をかけて生まれた仕組みなのだろう。**オニグルミは、「身の回りの環境」を巧みに利用して生き抜いている**のである。

徳島の山間にある町に、なぜＩＴ企業が集まるのか

徳島県に「神山町《かみやまちょう》」という町がある。山間にある、自然あふれるのどかな町だ。徳島市内からは車で1時間ほどかかり、小旅行に来た気分にもなる。

僕も実際に訪れたことがあるが、夜の食事に出かける際、宿の人に「イノシシやシカがよく出没するので、気をつけてくださいね」と言われて懐中電灯を持たされた覚えがある。

この町は、まさに過疎の山里といった趣《おもむき》だが、実は「ＩＴ企業のサテライトオフィス」が集まっていて、経済の活発化、町おこしが成功している。

その成功の大きな理由は、「クリエイティブ」と「通信環境」だ。

◎芸術家が住むクリエイティブな町

神山町は「クリエイティブ」にあふれる町だ。町の中を歩いていてると、あちらこちらにアート作品を見ることができる。

・Ｋａｒａｏｋｅ　Ｔｏｒｉｉ（カラオケ鳥居）

２０１７年に公開された、スピーカーを積み上げて鳥居を形作ったアート作品。

Bluetooth®で接続すると好きな音楽を流すことができる。ネット上で話題となり、若者たちが多数集まった。

・隠された図書館

神山町の住民だけが「本を納める」「鍵を持つ」ことができる。本を納めるタイミングは、卒業、結婚、退職、という人生の転機の3回のみ。特別な公開日以外は、鍵を持つ住人しか図書館の中に入ることはできない。何かの記憶を思い出すとき、共有するときに使われる場所だそうだ。

これらのアートは「神山アーティスト・イン・レジデンス」で作られたものである。「神山アーティスト・イン・レジデンス」とは、アーティストを町に招待し、滞在して住民と交流しながら作品を作ってもらう、という事業だ。神山町が「芸術家が住む町」と呼ばれるのは、この事業が背景にある。こうした活動に支えられ、神山町には多様な文化を受け入れる風土とクリエイティブな風土が根づくことになった。

そもそものきっかけは、1997年に徳島県の「とくしま国際文化村構想」が神山町に舞い込んできたことにさかのぼる。さらにその起源をたどると、戦前に日米の親善のためにアメリカから送られた人形に行き着く。人形は1万体以上あったというが、戦争でほとんどが焼かれたり、行方不明になった。

ところが、神山町では一人の女性教諭がこの人形を隠していたため、難を逃れていた。そこで、この人形を送り主のもとに里帰りさせる「アリス里帰り推進委員会」というプロジェクトが立ち上げられ、里帰りを実現させたのだった。このプロジェクトが、神山の国際交流の原点になったそうだ。

◎光ファイバーが普及している徳島県

徳島県は県土面積の75%を森林が占めるという、全国でも有数の森林の多い県だ。

このような自然豊かな場所では、通信環境は悪いイメージがある。しかし、徳島県はそのイメージには当てはまらない。なぜなら徳島県は全国に先駆けて、早い時期から光ファイバー網を整備し、普及させてきたからだ。

もちろん山間にある神山町でも、IT企業の生命線であるネット環境は大都市以上に快適に使えるのである。

当たり前のように持つ、自分の強みを活かせ

紹介した神山町の二つの特徴は、ＩＴ企業にとって重要なポイントを押さえている。

僕も実際に訪れて感じたのだが、神山町のサテライトオフィスは、ＩＴ企業だけでなく優秀な芸術家も集まっているので、刺激を受ける環境である。また、滞在するアーティストやクリエイターで面白い取り組みをしようという雰囲気が町全体にあり、非常にワクワクさせられる。それも強制的なイメージはなく、自主的に何かやりたい人の参加が受け入れられやすいとも感じた。僕自身、短期的にここに住んで開発に集中する期間を作ることを検討したほどである。

神山町の取り組みが面白いのは、町自体がすでに持っている環境面などの強み

を効果的に活用している点だ。

紹介した**「クリエイティブ」「通信環境」の2点に加えて、「自然豊かな場所で仕事ができる」という点は、普段都会の喧騒で仕事している人にしてみれば、憧れ以外の何ものでもない**だろう。

自分が当たり前と思っている環境や状況も、他の人から見たら喉から手が出るほど欲しいものかもしれない。

このことは「日本」を例に考えてみればいい。「安全に夜の街を歩ける」「パスポートの信頼性が高く、ビザなしでさまざまな国に行ける」というのは、日本以外に住む人から見たらうらやましい環境といっていい。

オニグルミには、洪水という、明らかにマイナスと思える環境をも利用するたくましさが備わっている。僕らも一度身の回りを見渡し、自分の強みを探すことから始めてみてはどうだろう。

植物類

【オオイヌノフグリ】

ゴマノハグサ科

リスクに備え、プランBを用意せよ

背丈の低い植物で、道端や畑などでよく見かける。茎は地面に這《は》うようにして伸び、２月の寒い時期から春頃まで青色の花を咲かせる。

オオイヌノフグリのプランB

オオイヌノフグリは、まだ寒い早春から花を咲かせ、春の終わりには枯れてしまう植物だ。この時期、虫たちが本格的な活動を始めるにはまだ早い。では受粉はどうしているのかというと、**オオイヌノフグリには「自家受粉」という〝裏技〟がある**というのだ。

多くの植物たちの受粉は「異なる株」同士で行われる。これを「他家《たか》受粉」という。ある株で作られた「花粉」は、別の株の「雌しべ」について受粉する。

一方で、オオイヌノフグリは同じ株の中で受粉（自家受粉）する仕組みを持っている。オオイヌノフグリの花が咲いている期間はわずか一日。朝開いた花は、午後にはもう閉じ始めて、雄しべは雌しべに近づいていく。そして、花が閉じるときには雄しべと雌しべがくっついている状態になり、自ら受粉するのだ。

自らの力で受粉できるのならば、みんな最初から昆虫などに頼らず、自家受粉すればいいのではないか、と思うかもしれない。

ところが、**植物にとっては自家受粉よりも他家受粉の方が都合がいい。そうでないと**

「多様性」が生まれないからだ。

ここ数年だけでもさまざまな気候変動や異常気象が数多く発生しているように、今いる環境には必ず変化がある。その際、種として生き抜いていくためには、さまざまな特性を持った「多様性」が重要だ。ある病原体が蔓延《まんえん》したとき、全員が病原体への対抗策を持たない遺伝子しか持っていなかったとしたら、あっという間に全滅してしまう可能性がある。自家受粉をした場合、その子どもは遺伝子的には親と全く同じである。対して他家受粉では、異なる遺伝子との組み合わせとなり、親が持っていない特性を持った子孫を作ることができる。

オオイヌノフグリは、本当は他家受粉の方がよいが、もし昆虫が自分の花を訪れなかった場合に備えて、自家受粉を次善の策として用意しているのである。

リスクヘッジで生き残る

これという方法でもうまくいかない場合に備え、オオイヌノフグリのようにプランB、プランCを用意している動植物たちは多い。**起こり得るリスクを考え、事前に回避する体制を整えておくことを「リスクヘッジ」**というが、彼らはそれぞれ、さまざまなリスクへッジをしている。だからこそ今まで生き残ることができたのだ。

人間社会やビジネスにおいても、「リスクヘッジ」を考えることは大切だ。システム開発を例に、リスクヘッジを考えてみよう。

システム開発において「スケジュール遅延」は大きなリスクの一つである。遅延が発生する原因は「仕様変更が想定よりも多く発生した」「コアな人員が病気になった」「外的要因による想定外のトラブルが起きた」など、多岐にわたる。

これらのスケジュール遅延が発生するリスクに対しては、次のようなリスクヘッジが考えられるだろう。

・あらかじめトラブル対処や仕様変更に備える期間をスケジュールに組み込んでおく
・他チームがフォローに入れるように、開発情報を共有したり、開発ラインを空けておく
・開発前に必須機能と必須でない機能を区別しておき、状況に応じて開発対象から外せるようにしておく

スケジュール通りに開発が進むのは素晴らしいことだが、実際は**トラブルなく想定通りに進む方がレアケース**だろう。

オオイヌノフグリのように次善の策を用意しておき、**完璧ではなくても目的を達成することが、長期的に生き残る可能性を高めることにつながっていく。**

若いときの苦労は買ってでもせよ

リスクヘッジの考えは、個人の生活でも活用すべきだろう。

「収入が大きく減少するリスク」に備えて貯金をする、「突然交通事故に遭うリスク」に備えて保険に入っておく、などだ。

「若いときの苦労は買ってでもせよ」と

はいうが、僕も35歳を過ぎてようやく、この言葉はある種のリスクヘッジだと思うようになった。というのも、システム開発、ブログなどのあらゆる仕事において、**自分のアウトプットの基になっているものはすべて「過去の経験」によって作られているもの**だからだ。この本に書いていることのほとんどは、僕がこれまでに経験したこと、過去に読んだ本が基になっている。

基本的に、若い頃よりも年を重ねてからの方が、任される仕事の責任や判断による影響は大きくなる。ということは、若いうちに判断や失敗の経験を積んで乗り越える術《すべ》を知っておかないと、後でうまく対処できなかったり、精神的に大きな負担となってしまうかもしれない。

そういう意味では、**若いときの苦労や失敗というのは、将来の自分にとってのリスクヘッジになり得る。**

同様に、30代の経験は40代の自分を助け、40代の経験は50代の自分を助ける。将来起こるかもしれないリスクを把握し、それに対する備えをしておくことは、未来の自分を助けることになるのである。

植物類

【カタクリ】

ユリ科

ライバルが現れる前に利益を確保する

春先の短い時期だけに花を咲かせる「スプリング・エフェメラル」の一種。花びらが反り返ったピンク色や薄紫色の花が特徴的で人気がある。昔はこのカタクリの地下茎から、片栗粉が作られていた。

スプリング・エフェメラルの植物たちが光を獲得する戦略

「スプリング・エフェメラル」とは、日本語に訳すと「春のはかないもの」という意味。名前の通り、春先の短い時期だけに花を見ることのできる植物である。

そんなカタクリの花が見られるのは、ほんの2カ月ほどの期間だけ。晩春になると休眠してしまい、翌年までその姿を見せることはない。

春本番を迎えると、植物たちにとっては太陽光、温度、湿度など生育しやすい環境が整ってくる。多くの植物たちはいっせいに土の中から芽を出す。

植物の生命線となる光合成を行うには、「光」が必要だ。林の中では常に「光の争奪戦」が繰り広げられている。ところが、スプリング・エフェメラルの植物たちは背が低く、地面に近い。背が高い他の植物たちがいると、十分な光が得られなくなってしまう。

つまり、春は生育には好条件だがライバルも多く、競争力の弱いスプリング・エフェメラルの植物たちにとっては不利な状況なのだ。

そこで彼らは、「他のライバルたちよりも先行して必要な光を独占する」作戦に出る。まだ寒さの厳しい2〜3月頃から林床に葉を広げて光を吸収し、花を咲かせ、種子を作る。

一連の営みを、**ライバルたちよりも先に実行してしまうのである。**

当然ながら、この時期に多くのライバルがまだ芽を出さないのには理由がある。寒の戻りのようなことが起きて、凍結や雪に見舞われることもあるし、他の植物がまだ少ないので、芽を出せば草食動物にも狙われる。受粉を手伝ってくれる昆虫たちもまだ少ない。この季節は、花を咲かせるのには向いていない。

スプリング・エフェメラルの植物たちは、ライバルたちが好む季節を外して現れることで、一時的に利益を独占している。これは強者との正面衝突を避ける、まさに弱者の戦略なのである。

冬のアイス市場が存在する？

昆虫のフユシャクは、天敵を避けるためにあえて冬に活動する「ブルーオーシャン戦略」を取っていると紹介した（80ページ）が、スプリング・エフェメラルも同じだ。ライバルがいない状況を狙ってブルーオーシャン戦略を取っている。

スプリング・エフェメラルの植物の例で面白いのは、たくさんのライバルがひしめく競争の激しい場所（レッドオーシャン）であっても、時間軸をずらすことでブルーオーシャンになり得るということだ。

「アイスクリーム」は暑い季節に食べるイメージだ。

そのため、多くのアイスの新商品は、夏に合わせたタイミングで発売する。強豪ひしめくこの時期のアイス市場は、間違いなくレッドオーシャンである。

一方で、最近は「冬アイス」というものがある。暖房の効いた暖かい部屋で冷たい食べ物を食べる、という人が増えているからだ。そのため、夏ではなく、あえて寒い冬に新発売されるアイスもある。

一般的には夏アイスの方が定番であり、夏アイスと比べると冬アイスの市場の方が小さいことは間違いない。そのため、少なくとも今のところは冬アイス市場に参入してくるライバルは多くはない。夏アイス市場と比べると、冬アイス市場はブルーオーシャンなのである。

このように、**同じ市場であっても、「時間をずらす」「季節をずらす」ことによって市場に参加するお客様やライバルは大きく変わる。**すでに競合の多い市場であっても、時間軸のずらしを利用することで、弱者にも活路が見いだせるかもしれないのである。

ハイリスク・ハイリターンなパイオニア戦略

もう一つ、時間軸をずらす例を紹介しよう。

それはまさにスプリング・エフェメラルの植物たちのように、「ライバルたちが現れる前に自分の利益を確保する」というやり方だ。

ブルーオーシャンな市場も、そこにある程度の規模があれば、後から続々とライバルたちが参入してくる。市場への参入者が増えてくると、そこで得られる分け前は減っていってしまう。

しかし、逆にいえばいち早く市場に参入することで、ライバルたちが参入してくるまでの間は利益を独占できる。経済用語でいうところの**「先行者利益」**といわれるものだ。先に参入したものは後発で参入したものよりも、認知度や、ノウハウといった点で一歩先を進むことができる。全く同じ力を持っていたとしたら、行動が早い方が有利なのである。

ただし、先行者ならではの苦労も多い。**前例のない市場では手探りで行動しなければならないし、そもそも参入時点では市場規模のポテンシャルが不透明なこともある。「ハイリスク・ハイリターン」な戦略**なのである。

最近はＩＴ技術の普及やグローバル化などの影響により、さまざまな分野において新しい市場が生まれやすい状況になっている。代わりに市場が飽和するスピードも非常に速い。この時代をつらいと捉えるか、チャンスと捉えるか。変化を楽しんだり、新しいことを学ぶことが好きな人にとっては、有利な時代がやってきている、といえるだろう。

植物類

【ガジュマル】

クワ科

柔軟な発想は
豊かな経験が物をいう

亜熱帯〜熱帯地方で見られる樹木。日本では九州の屋久島以南に分布する。その生命力・たくましさから、世界各地で神聖な木とされることが多い。観葉植物としても人気。

神聖な樹木・ガジュマル

沖縄では、ガジュマルの木には「キジムナー」という精霊《せいれい》（妖怪）が宿ると伝えられている。

キジムナーは赤い髪をしていて、背丈は人間の子どもくらい。いたずら好きの一面もあるが、基本的には人間と敵対することはない。一緒に漁に出たり、家に薪《たきぎ》を借りに来るなど、フレンドリーな存在の精霊のようだ。

ところが、キジムナーのすみかである木を切ってしまうと、状況は一変する。犯人に対して徹底的に仕返しをし、時には死に至らしめることもあるという。

キジムナーは基本的には友好的な精霊であるが、ひとたび恨みを買えば、恐ろしい存在に豹変《ひょうへん》する一面も持っているのだ。

相手を絞め殺す「気根」

キジムナーの話から僕が感じたのは、**「友好」**と**「畏怖《いふ》」**の念だ。
沖縄の人たちにとって、キジムナー（＝ガジュマル）は身近で親しみを持ちつつも、自然の厳しさを感じる存在ではないかと思う。

ガジュマルは「絞め殺し植物」とも呼ばれている。

植物の根は、普通は土の下に伸びていくが、ガジュマルは〝空中から土に向かって〟伸びる「気根《きこん》」だ。一般的な根のイメージを覆《くつがえ》す性質のものだ。ガジュマルはこの気根によって、かなり特殊な成長をする。
ガジュマルの種子は、果実を鳥に食べられて運ばれる。種子は鳥が糞をするときに体外に出て、植物の木の枝に付着する。そして糸のような根を土に向かって伸ばし始める。根は土に達すると、土から栄養分を吸収するようになり、細かった根はどんどん太く、頑丈になっていく。根はもともとあった植物を次第にがんじがらめにしていき、元の植物は完全に覆われ、光を得られなくなって最終的には枯れてしまう。

この過程が、宿主の植物を絞め殺しているように見えることが、「絞め殺し植物」の名前の由来である。

柔軟な発想が役立つ力になる

植物の世界とはいえ、枝を貸した揚げ句に殺されてしまうのは何とも気の毒だ。それでも、ガジュマルの気根は、とても「柔軟な発想」を持った仕組みだと思う。

根は、土の中から水分や栄養分を得るための器官である。しかし、湿度の高い熱帯地方で成長するガジュマルは、「もしかしたら空気中からも水分や栄養分を取り込むことができるのではないか」と気づき、それを実行したのだ。

この柔軟な発想力は、人間社会においても非常に役立つ力となる。

例えば、**コンビニの「レジ横にある陳列棚」**。

会計待ちのお客様がレジに並んでいる時間は、普通はマイナスとしか考えない。店の回転率や店員の負担を考えて、レジに並ぶ時間を短くする対策を考えるだろう。

しかし、柔軟な発想があれば、方向性の異なる解決策を検討することができる。

その一つが、**レジでの待ち時間を「ゆとりのある時間」と捉えること**だ。

レジに並んでいる時間は、お客様にとって〝手持ち無沙汰〟でしかない。特にやること

がないので、視線の先に何か商品が置いてあると、ついついその商品を注視してしまう。つまり、手持ち無沙汰な時間があることで陳列棚の商品に気づき、財布を開けるタイミングも手伝って、思わず衝動買いするのではないか。その発想で生まれたのがコンビニのレジ横にある陳列棚である。

経験が増えるほど発想の種は増える

ある業界では当たり前となっている慣習や常識は、他の業界の人、あるいは新しくその世界に入る人からすると、意外に「非効率」に見えたり、マイナス評価をされたりする。ただ、これには逆もあ

って、「他の業界ではできていないことを、当たり前のように行っている」など、隠れた長所を発見することもある。

一般的には、先入観を持たない柔軟な発想の持ち主として、新入社員のような若者の発想を重んじる傾向があるが、僕は、若い発想〝だけ〟では不十分だと考えている。

なぜなら、その業界が持つ長所・短所は、他業界の情報や知識、経験があるからこそ客観的な比較ができる。複数の世界を身をもって経験していないと、多角的かつ深い視点で長所・短所を捉えることができないからだ。

社会は今、さまざまな垣根が低くなっていて、業界や場所の移動がしやすくなっている。転職したり、複数の業界で働いた経験者は、今後は多角的な視点を持つ人材として価値が高まっていくだろう。

柔軟な発想を生むために必要なのは、センスやひらめきだけではない。**経験が豊かであるほど、当たり前を疑い、新しい方法を生み出すような発想の種は増えていく**のである。

CHAPTER

3

YOWAMUSHI
NO
IKIZAMA

▼生き物たちもやっている「賢い生き方」「ずる賢い生き方」

昆虫類

【トゲアリ】

ハチ目アリ科

信頼を勝ち得るための
地道な積み重ね

平地〜山地の林に生息するアリ。3対《つい》のトゲ状突起がある赤い胸部が特徴的。オオアリ属の数種のアリに対し、巣を乗っ取る「一時的社会寄生」と呼ばれる習性を持つ。

トゲアリの「一時的社会寄生」とは

トゲアリは、少年心をくすぐるかっこいいアリだ。10ミリ前後の大きな体、黒いボディに赤い胸部のカラーリング、背中に突き出た3対の鋭い突起。姿も特徴的なのだが、トゲアリの取る生存戦略もなかなかに面白い。

その戦略とは、**「女王アリ[※1]が他のアリの巣に侵入して、巣を乗っ取る」というもの。「社会寄生」と呼ばれる行動だ。**

トゲアリはオオアリ属の数種のアリに対して、社会寄生を行う。トゲアリが他のアリの巣を乗っ取る流れはこうだ。

1 トゲアリの女王が、他のアリの巣に侵入する
↓
2 巣にいる女王アリを殺し、女王に成り代わる
↓
3 産卵する

※1 産卵をして、コロニー(群れ)を作る・拡大する役割を担うメスアリのこと。

4　トゲアリの働きアリが増える
　↓
5　巣にいた元の種のアリは老衰などで死滅し、巣内はトゲアリのみになる

　2で女王が成り代わった後、もともと巣にいた種のアリたちは、巣を守ったり、餌を運んだりして、死ぬまでトゲアリのために働き続ける。最終的には巣内のすべてがトゲアリだけになるので、この社会寄生は「一時的社会寄生」と呼ばれる。

　ここまでの話を読んで、社会寄生をするトゲアリは「残虐でずるいやつ」という印象を持ったのではないだろうか。しかし、トゲアリは一連の行動を成功させるために、想像以上の工夫・努力をしているのだ。

寄生を成功させるまでの長い道のり

　寄生を成功させるには宿主の種の女王を殺し、成り代わる必要があるが、そのためには**「どうやって女王のもとにたどりつくか」という〝超難題〟を解決する必要がある。**

想像してみてほしい、敵のアジトに単身で潜入していく状況を。もし潜入したことがバレてしまえば、周りから一斉攻撃を受け、何もできずに殺されてしまうだろう。

そこで、トゲアリはある行動に出る。

まず、トゲアリは巣外にいる働きアリを見つける。そして相手の首や腰に噛《か》みついて馬乗りになり、噛みついた状態のまま相手の体を触り続ける。**「敵の匂いを自分の体につける」**のである。

アリは暗い巣の中で生活するため、眼が退化しており、代わりに「匂い」を頼りに生活をしている。巣内のアリと同じ匂いになれば、トゲアリは、巣内で攻撃される危険を少なくすることができるのだ。

何とか巣内に侵入できたとしても、次は**「女王アリを殺して成り代わる」**という課題が待っている。

この時も、「宿主の女王アリに噛みついて匂いをつける」という作戦は同じだが、働きアリのときよりもさらに入念だ。**匂いをつけるために女王アリに噛みつき、生かさず殺さずの状態で何と〝数日間〟もの間、密着し続ける。**ここでの匂いつけが不十分だと、成り代わるのが難しくなるからだ。また、途中で女王アリから離れてしまうと、周りの働きアリに総攻撃される可能性もある。

最後に、女王アリの首を噛み落として成り代わりは完結する。晴れて寄生を成功させることができるのだ。

このように、**トゲアリの寄生は身震いするような緊張と苦労によって成立している。**実際、トゲアリの寄生の成功率は非常に低いという。まさに命がけの挑戦というわけだ。

メンバーから認められるコミュニケーションの秘訣

人間社会においても、新しい組織やチームに異動したときは、事前の準備や地道な努力が重要である。

例えば、転職をして新たな場所で仕事をするとき。どれだけ自分に自信があったとしても、**いきなり今までのやり方を強行するのはあまりよくない。周りのメンバーから協力を得られないばかりか、反発を食らったり、攻撃を受ける可能性もある。**

では、どう対処すべきなのか。

　ここで、トゲアリの戦略を見習おう。トゲアリが宿主の巣の匂いを自身の体にまとわせたように、まずは自分をチームに馴染ませるのだ。例えば、

・チームの文化や風土
・チームの目標や課題
・メンバーの共通点
・メンバーの不満

などを理解しよう。業種や職種によっては、さらに項目はプラスされるかもしれない。

　そして、自分もメンバーと同じことをして、コミュニケーションを図《はか》ってみる。あせらず、じっくりとこうした行動を重ねて、複数のメンバーから相談や提案をされたりするようになれば、チームの一

員として認められたといえるだろう。この状態になって、ようやく自分の意見がチームに受け入れられるのを認識できるはずだ。

組織の中では、立場の強いリーダーの意見や指示にメンバーは従うものだ。その方針でうまく成果が出れば問題はないのだが、**チームに馴染んでいないリーダーからの指示は、たいていは〝やらされ仕事〟になりがち**だ。そのようなチームでよい結果が出ない場合、「新しいリーダーのせいで失敗した」と、気分的にはリーダーを責める形になってしまう。

一方、**リーダーがチームの一員として認められていれば、「こんな対策も取れます」「こういった協力ができます」とメンバーからの協力や支援が集まりやすくなり、打開策が得られる場合が多い。**実行の判断はリーダーがするにしても、現場から積極的に意見が上がるような、活気のある組織ではさまざまな施策が打てるし、長期的には成功の確率は上がるだろう。

チームのことを理解し、信頼を得るには地道な積み重ねが必要なのだ。

昆虫類

【クサカゲロウ】

アミメカゲロウ目クサカゲロウ科

弱者を自覚し、謙虚に振る舞う

細長く緑色の鮮やかな体に、透明で大きなはねを持つ。水辺に生息するカゲロウ目の昆虫とは違う分類グループで、アミメカゲロウ目の昆虫たちのほとんどは陸上で生活する。

ゴミを背負うクサカゲロウの幼虫

自然観察をしていると、植物の葉の上にホコリがまとまって固まりになった、ゴミのようなものが乗っているのを見つけることがある。そのゴミをじっと見ていると、急に移動するではないか！　よくよくゴミの下をのぞき込んでみると、昆虫の顔が見つかる。そう、ゴミのように見えたものの正体は、クサカゲロウの幼虫だったのだ。

クサカゲロウの仲間の幼虫の中には、「ゴミを背負って生活する」習性を持つものがいる。生活をしながら周囲にある素材を集めて背中に乗せていき、〝隠れみの〟を作るのだ。「自身をゴミに擬態」させることによって身を守る作戦なのである。

小さな昆虫の中には、「ゴミ」「糞」など、「小さな自分よりもさらに下等なもの」に見せる手法がよく見られる。彼らのような弱者が生き残るためには、目立つ派手な姿になるのでなく、**存在にすら気づいてもらえないほど些細《ささい》なものに見せることを選択する。**その方が生存戦略上、有効なことが多いのだ。

弱者は生き残りを最優先に知恵を絞る

人間社会においても同じだろう。当然のことながら、弱者は強者と比べて生き残ることが難しい。クサカゲロウがゴミを背負うことに自らのプライドを傷つけているかどうかはわからないが、生き残ることを最優先して知恵を絞っていることは間違いない。私たち人間もクサカゲロウを見習って**普段から生き残る可能性が高まるように行動すべきなのだ。**

「出る杭は打たれる」ということわざがある。

「優秀な人、頭角を現した人は嫉妬され、周囲から邪魔をされる」といった意味合いの言葉だ。しかし現実には、頭角を現し始めた人の中でも、「邪魔されやすい人」と「邪魔されにくい人」がいる。

「邪魔されやすい人」
活躍が周りからもよく目立ち、周囲の評価が賛否両論に分かれるタイプの人。

「邪魔されにくい人」
あまり目立たないが、知らぬ間にエース級になっていたり、チーム内や一部の人から非常に評価が高いタイプの人。

両者の違いは、一言でいうならば「謙虚さ」にある。

「邪魔されやすい人」は、声が大きく、他者のことを下に見る発言をしたり、自分に自信があるがゆえに自分の意見を強く主張する。こうしたことが積み重なって、普段から見下されていると感じている人々は、何かのきっかけで否定されたときの反発が強くなる。周囲にもその怒りを伝えるかもしれない。さらに、もし「出る杭」が失敗したり結果が出なかったときは、ここぞとばかりに反撃する可能性もある。**悪評を買いやすい状況になっている**のだ。

一方で、**「邪魔されにくい人」の場合は、他者に対して大きく出たり、高圧的な態度を取ったりせず、黙々と自身のやるべきことを積み重ねている場合が多い。**このタイプの人は成果を出したときに爆発的に拡散されることはないが、失敗したときの拡散も少ない。**彼・彼女が着実に成果を上げていくことは誰の迷惑にもならないどころか、周囲にとってのプラスになることの方が多い。**その結果、存在感は大きくないのだが、着実に評価はステップアップしていくのである。

「打たれる杭」にならないための打ち手を考える

108ページでも紹介した「ランチェスター戦略」によれば、強者はトップのたった一人であり、それ以外の登場人物はすべて弱者である。

ということは、**どれだけ優秀な能力やポテンシャルがあろうと、トップに上り詰めるまでは全員が〝弱者〟。**もし弱者であるにもかかわらず、目立つ行動を取ったり、謙虚さを欠いた態度を取ったりすれば、あっという間に「打たれる杭」になる。周囲や自分よりも強いものに潰されてしまうのは、自然な流れなのだ。

「打たれる杭」になるのを回避したいな

ら、クサカゲロウの戦略を参考にしよう。**自分が弱者であることを認識し、謙虚に行動するのだ。**

・不必要に目立つことはしない
・相手の陰口や見下す発言はしない
・相手の意見をちゃんと聞いて、議論をする
・自分のやるべきことに集中する

幼虫の頃はゴミを背負って生活していたクサカゲロウも、成虫になればゴミを背負うのをやめ、緑色の鮮やかな美しい姿になる。こうした謙虚な振る舞いを意識していれば、あなたもクサカゲロウのような美しい姿に近づいていけるだろう。

昆虫類

【ニホンミツバチ】

ハチ目ミツバチ科

経験が身を守る盾となり、敵を攻める武器となる

ニホンミツバチはもともと日本に生息していた在来のミツバチで全体的に黒っぽい色をしている。セイヨウミツバチ[※1]は海外から移入されたミツバチで腰回りが黄色っぽい。

在来種のニホンミツバチと移入種のセイヨウミツバチ

日本には、蜂蜜を作るミツバチが2種類いる。もともと日本に生息していた「ニホンミツバチ」と、海外から養蜂のため移入された「セイヨウミツバチ」である。

この2種のミツバチの姿はよく似ているのだが、その習性や能力は大きく異なっている。

例えば、「採蜜」の仕方。

セイヨウミツバチは1種類の花から蜜を集めるが、ニホンミツバチは数種類の花からそれぞれ蜜を集める。ニホンミツバチの蜂蜜が「百花蜂蜜」と呼ばれるのはこの性質が由来だ。

日本の環境への対応力の違い

さらに大きな違いが、**「日本の環境への対応力」**だ。

まず、病気への耐性。

例えば、ミツバチがかかる「バロア病」。これは、ミツバチへギイタダニという小さなダニが病原体となる病気である。このダニに寄生されると、羽化ができなかったり、はね

※1 ハチ目ミツバチ科。採蜜できる蜂蜜の量が多く、世界中で養蜂に利用されている。日本に最初に輸入されたのは、養蜂養蜂試験のために1877年にアメリカからイタリア国種のミツバチを飼養したときとされている。

が伸びなくなってしまう。

もともとこのダニはニホンミツバチに寄生してきたため、ニホンミツバチは対処法を知っている。**自分たちでお互いに「毛づくろい（グルーミング）」をすることで、ダニを取り除くことができる**のだ。

一方、セイヨウミツバチがこの危機を逃れるには、養蜂家の手によってダニを退治してもらわなければならない。

また、日本ならではの天敵たちへの耐性にも違いがある。

その一つが「スズメバチ」だ。秋頃になると、スズメバチはミツバチの巣を襲撃するようになる。成虫のミツバチはもちろん、巣内の幼虫たちも餌として強奪する。

ニホンミツバチはスズメバチとの長年のつきあいから、ある必殺技を編み出した。それが「熱殺蜂球《ねっさつほうきゅう》」だ。スズメバチにニホンミツバチが集団で取り付き、はねを激しく動かして熱を出す。するとミツバチよりも耐熱性に劣るスズメバチは、ミツバチよりも先に熱死してしまうのだ。もちろん、必殺技があるとはいえ、多数のスズメバチに襲われればひとたまりもない。しかし少数であれば撃退することができるのである。

一方、セイヨウミツバチはスズメバチの襲撃に対処する方策を知らない。それぞれ単体で応戦するが、正面から挑《いど》んでスズメバチに勝てるはずもなく、たいていは巣が全滅することになってしまう。

このようにセイヨウミツバチは日本の環境に適応できていない部分が多く、養蜂家が手をかけて管理・世話をしなければ生き抜くことは難しい。しかしニホンミツバチは長年日本で暮らしてきた経験を基に、日本の環境で生き抜く術を身につけてきたため、自立して生きていくことができるのだ。

ニホンミツバチもセイヨウミツバチも、潜在的な能力はそう変わらないはずだ。「経験値」の差は大きいのである。

経験値が物をいう野鳥観察の世界

僕のライフワークともいえる「野鳥観察（バードウォッチング）」も経験が物をいう世界だ。**野鳥観察では、視覚よりも「聴覚」が重要**である。

鳥の鳴き声の聞き分けることができると、鳥の姿がまだ見えなくても存在を察知することができ、鳥が警戒するラインの前で待ちぶせしたり、一度立ち止まって探すなどの対策を取ることができるからだ。

ところが、この「鳥の鳴き声を聞き分ける」のが未経験者にとってはハードルが高い。フィールドに出ると、鳥の声だけでなく、虫の声、風の音、車の音。さまざまな音が聞こ

えてくる。これらすべてが重なる中からどうやって鳥の声を聞き分けるかというと、それこそが「経験値」なのだ。

「鳥の声がする→声の主を確認→この鳴き声の主は〇〇なんだ！」

という確認作業を数多く積み重ねるしかない。動画などで鳥の声を覚えることもできるだろうが、実際のフィールドでは特定の鳥の声だけがクリアに聞こえることはまれだ。刑事ドラマではないが、**現場にどれだけ足を運んだかが確実に物をいう**のである。

経験はトラブルを乗り越える盾にもなる

仕事においても、経験値が大きく影響

する場面は多い。

例えば**トラブルへの対処も、経験が物をいうスキルだ。**トラブルは平常運転時に比べて発生する機会が非常に少ない。つまり練習しにくいスキルの代表である。しかし、トラブルが発生したときの対処こそ、会社の命運を左右しかねない。ベテラン社員が頼りになるのはこうしたレアケースでの的確な対応にあるといえる。

アメリカに、映像ストリーミング配信事業を展開する「Netflix」がある。Netflixでは、トラブル対応のスキルを高めるために「Chaos Engineering（カオスエンジニアリング）」という方法を取り入れている。実際に稼働しているサービスに、わざと障害を発生させるツールを使い、普段からトラブルへの対処の経験を積んでいるのだ。これにより、実際に大規模なインフラ障害が発生したときも、特に問題なくシステムを稼働させることができたという。

経験値は苦難を乗り越える「盾」にもなれば、敵を倒す攻めの「武器」にもなる。ビジネスにおいて、自分はこれまでどんな仕事をしてきたか、何か武器になるものはないか、これまでの経験やスキルを一度棚卸《たなおろ》ししておくと、思わぬ強みが見つかるかもしれない。

昆虫類

【クロオオアリ】

ハチ目アリ科

怠ける余裕こそが、組織を危機から救う

真っ黒な姿をしたアリで、日本最大級の大きさ。開けた場所の地中に巣を作るため、公園など人家近くの身近な場所でもよく見られる。

働きアリの法則

「アリとキリギリス」の寓話にも登場するように、アリは働き者の昆虫としてのイメージが強い。

実際、彼らを見ていると、いつもせわしなく歩き回っている。というのも、アリは餌を探す仕事をするために巣の外に出る。忙しそうにしているのは当然なのである。一方で、巣の中にいるアリに目を向けてみると、**「ほとんど働かないアリ」というのが、1～2割程度いる。**

アリのコロニー内では、「よく働くアリ、働くアリ、働かないアリ」は常に「2：6：2」の割合になる。このうち、よく働くアリ2割を間引くと、残されたアリの集団のうちの2割がよく働くアリに変化し、働かないアリ2割を間引くと、やはり残りのアリの2割が働かないアリに変わるという。この現象は「働きアリの法則」と呼ばれている。

アリは、仕事を始める「反応閾値《はんのうしきいち》」に個体差がある。つまり**「仕事をしなくちゃ」と思うタイミングがアリごとに違う**のだ。コロニーがそこそこ忙しくなってきたときに動き出すアリもいれば、ものすごく忙しくならないと動き出さないアリがいる。その結果、平常時は働かない、サボっているアリが、常に2割程度保持されるようになっているのだ。**アリたちがサボる仲間を放置している理由。それは、「組織のリスクを回避するため」**と考えられている。

例えば、アリには巣内の卵をなめ続けるという仕事がある。これはアリにとって大事な仕事で、卵をなめるのをやめると、すぐにカビが生えてきて卵は全滅してしまう。だから、コロニー内には必ず卵をなめ続ける仕事をするアリがいる。

ところが、アリたちにも僕たち人間と同じように「疲れ」がある。すべての働くアリたちが常に全力で仕事をし続けていると、彼らが疲れて働けなくなったときに、コロニーの機能が停止してしまう可能性があるのだ。

そんなリスクを回避するのが、サボっているアリたちである。**働きアリたちが何かしらの理由で働けなくなると、サボっていたアリたちが代わりに働き出す。その結果、コロニー全体の機能停止を避けることができる。**

「働きアリの法則」は、組織のリスクを回避する仕組みなのだ。

「サボるアリ」の重要性

ビジネスや普段の仕事でも、よく「8：2の法則」が話の例に出されることがある。

例えば、

・会社の売上の8割は、2割の顧客から生み出されている
・会社の売上の8割は、2割の従業員によって作られている
・仕事の成果の8割は、労働時間の2割から生み出されている

などである。これは「パレートの法則」とも呼ばれる。上記の数字は、働きアリの法則でいう「よく働くアリ」の割合に注目したものだ。

僕自身、**「サボるアリ」の重要性を痛感した経験がある。**

僕は独立してから、基本的には1週間のうち、

週3日：業務委託の仕事
週4日：生き物事業（個人の生き物アプリの開発、ブログ、自然観察など）

というバランスで仕事をしている。このうち、週4日の生き物事業の仕事は基本的には個人で完結するので、優先度を調整できる。状況に応じて作業の組み替えができるのであ

る。

ある時期、新しい仕事が増えたので、業務委託の仕事を週5日に増やした。平日の仕事の優先度の調整が難しくなっていたところへ、さらに新しい仕事の話が舞い込んだ。迷ったのだが、僕にとってチャンスといえる内容だったので引き受けることにした。その結果、自分の中で調整できる余裕はなくなり、ほぼ身動きが取れなくなってしまったのである。**「サボるアリ」が0割になった瞬間である。**

忙しいときに限っていろいろと重なるもので、業務委託の方は引き受けた案件がそれぞれ過密スケジュールとなり、生き物事業の方では問題が発生したりした。

僕が体調を崩しでもしたら、あちこちに迷惑がかかってしまう綱渡りの状態だった。

目に見えない弊害も出てきた。本を読む時間も取れなくなってしまったし、何かを試す時間も失われてしまった。僕の事業の源流である自然観察にも、ほとんど行けなくなった。もし、**このタイミングで新たなチャンスが降ってきたとしても、それをつかむことはできそうになかった。**

結局、僕は受けている仕事を整理し、「サボるアリ」の割合を増やすよう調整したのだった。

「よく働く」ことは、よい意味に捉えられがちだ。しかし、「忙しさにかまけて」という言葉がある通り、**忙しさも度を過ぎると作業以外のことをする余裕がなくなり、成長もできなくなる。**

僕は年間100回ほど自然観察に行くが、ここでは動植物を学ぶ以外の効果もある。目的地まで1時間単位で歩くこともあり、その間に生き物事業のアイデアが浮かんだり、今取り組んでいる仕事の優先度が整理されることも多い。自然観察に行くことは、僕のさまざまな活動の肥やしになっているのだ。

「働きアリの法則」は組織の話である。しかし、**個人においても「サボるアリ＝余裕」は、死守すべきもの**だと僕は思う。

鳥類

【ハシボソガラス】

スズメ目カラス科

夢中になれる「遊び」は学びとなる

全長は約50センチ。農耕地など郊外でよく見られるカラスで、人間の道具を自身の生活に利用する賢さと器用さを持つ。よく似たハシブトガラスよりも少し小さく、くちばしも細い。

カラスは遊ぶ鳥

身近に見られるカラスには、ハシボソガラスとハシブトガラス（52ページ）の2種類がいる。名前の通り、ハシボソガラスの方がくちばしが細い。ハシブトガラスが都市部でよく見られるのに対し、ハシボソガラスは農耕地などの郊外でよく見られる。

ハシボソガラスの特徴は、知能が高いと感じさせる複雑な行動を取ることだ。例えば、道路上にクルミを置き、走行してくる車に割らせて食べたり、くちばしを使って水道の蛇口を器用に回して水を出したりする。こうした行動はハシボソガラスに多く見られる。

カラスたちの賢さの秘密は何か。

仮説の一つが、**「遊び」との関連性**だ。

カラスは、生きるために決して必要とはいえない行動をすることが知られている。つまり、「遊んでいる」。例えば、風に乗って飛んだり、電線にぶら下がったり、すべり台を滑ったりする。

「遊び」と「実用的な学び」との関連について、スウェーデンのルンド大学で実験が行われた。

実験では、ミヤマオウム[※1]（遊びとしては道具を使うが、野生では使わない）と、カレドニアカラス[※2]（野生で道具を使う）の2種の鳥の行動が比較された。

それぞれの鳥に重さの異なるカラフルな立方体、硬さの異なるカラフルなロープなどのおもちゃを与えて遊ばせる。その後、重りを使ったり、棒を使うことで食べ物を得られる装置の中に鳥を置き、食べ物を得られるか検証をした。

すると、**事前におもちゃで遊んでいた鳥たちの方が、遊んでいなかった鳥たちよりも食べ物を得る確率が高い**、という結果を得た。

ただし、おもちゃで遊んだ経験を道具として活用できるかについては、個体差が大きい。そのため、遊びが動物の新しい行動や能力向上に結びつくという結論は出ていない。

それでも、**遊びによって得たおもちゃの特性や情報は、問題解決の刺激やヒントになっている**ことは確かなようだ。

※1
オウム目フクロウオウム科。ニュージーランドの固有種で、山地に生息する。現地では「ケア」とも呼ばれる。

※2
スズメ目カラス科。主にニューカレドニアのグランドテール島に分布。道具を使用する代表的な器用なカラス。

ゲームは本物の軍隊の訓練でもあった

遊びといって連想される代表的なものが「ゲーム」である。

ゲームのジャンルの一つに、「シミュレーションゲーム」がある。これは現実の事象や体験をCGなどで仮想的に再現したものだ。

経営シミュレーションゲームであれば、都市や企業の経営を体験するゲームであるし、恋愛シミュレーションゲームであれば、仮想恋愛を体験するゲームである。

他にも、「ウォー・シミュレーションゲーム（ストラテジーゲーム）」というジャンルがある。戦争を題材にし、部隊やキャラクターを駒に見立てて目的を達成するゲームだ。

現在、市販されているウォー・シミュレーションゲームは、「兵棋演習《へいき》」「図上演習」と呼ばれる、本物の軍隊が戦術研究に用いていた机上の訓練が基となっている。兵棋演習を簡略化し、一般の娯楽としてボードゲームやコンピューターゲームになったものだ。

そもそもゲームの起源は、ただの「娯楽」ではなく「訓練」の一環でもあった。僕にも経験がある。

子どもの頃、僕は「RPGツクール」というゲームが好きだった。自分でキャラクターやダンジョン、魔法、ストーリーなどを設定し、自分だけのオリジナルのRPGを作るゲームである。誰に見せるわけでもなかったが、自分でいろいろな要素を組み合わせてゲームを作る遊びは面白かった。このときのゲーム作りの経験は、今の仕事にも活かされている。

例えば、システムを開発する上では条件判定は必須の項目だ。これは「RPGツクール」の「ストーリーを進めるためにボスを倒す」「特定の村人と話す」といった条件の設定と判定に通じている。

また、共通化の考えも大切である。同じものを何度も作るのではなく、「ルールを決めて共通化する」といった考え方は、実はあのゲームで遊んでいるときに鍛えられていたのだと感じる。

大人になって、今は本物のゲーム開発の仕事をしているのだから、面白いものだ。

それは遊びなのか、仕事なのか

「遊び」が仕事の訓練になるという方向性で話をしてきたが、**僕は「遊びか仕事か」という区分けは、そんなに大きな問題ではないと考えている。**

何かに夢中になること
すべてはそこから始まる
美少女アニメ
クエーッ
DVD

大事なのは「夢中になっているかどうか」だ。夢中になっていれば、それが遊びであるか仕事であるかにかかわらず、目標達成に向けて工夫をする。

「あの場所には、どうやったら行けるだろうか」
「あの結果を出すには、どう練習したらいいだろうか」

僕が活動している自然事業は、「遊び」とも「仕事」ともいえないものだと思う。ただ、現時点では僕を何よりも夢中にさせてくれるものであり、今まで経験したどんな遊びよりも楽しい。どんな仕事よりも真剣に向き合っている。

目標を達成するために自分なりに工夫を続けていると、自然とスキルが身についたり、ノウハウがたまっていく。それが思わぬ瞬間に、他の何かに活かされることがある。

始まりは「遊び」でもいい。人並以上のスキルが身につけば、それを仕事にすることだってできる。

プロで活躍する野球選手や賞をとった小説家たちは、「このスキルを身につけたら、他の職業でも活かせる」と思って練習したり、文章を書き続けてはいないだろう。おそらく、野球をすること、小説を書くことが「好き」だから、「夢中になってしまった」から、続けていたら他の人よりも高いスキルが身についていたのではないか。

夢中になっているときには、身につけたそのスキルが花咲くときが来るかどうかはわからない。ただ、**得られたスキルや体験は必ず自分の中に残る。**

カラスも将来を見越して遊んでなどいないはずだ。まずは何かに夢中になること、すべてはそこから始まるのだと思う。

鳥類

【カッコウ】

カッコウ目カッコウ科

その成果は自分の実力か、他者によるものか

他の鳥の巣に卵を産みつけて育ててもらう「托卵《たくらん》」の習性を持つ。托卵の宿主はオオヨシキリやモズ、ホオジロなど。体にはタカ類のような白黒のしま模様がある。

カッコウが「ずるい鳥？」と聞かれる理由

カッコウには「ずるい鳥」というイメージがある。それは、宿主の巣に卵を産みつけ、自分の代わりに育ててもらう「托卵」という習性を持つからである。

カッコウが托卵をする仕組みはかなり巧みだ。

①カッコウは宿主の卵によく似た色・大きさ・模様の卵を産みつける

卵が自分の卵でないことに気づくと、宿主はカッコウの卵を排除してしまう。そこで、カッコウは宿主の卵とそっくりな卵を産む。

②カッコウの卵は、宿主の鳥類の卵よりも孵化が早い

早く孵化したカッコウのヒナには、生まれてすぐに行う仕事がある。カッコウのヒナの背中には、くぼみがある。この部分に宿主の卵を乗せ、巣からすべての卵を押し出して外に捨ててしまうのだ。こうすることで宿主＝仮親が運んできた餌を、自分が独占することができる。

③カッコウの口の中には宿主が反応する目印がある

カッコウのヒナは、宿主のヒナとは大きさも姿も似ていない。ところが、ヒナの口の中には、親が餌を与えるための目印がついている。カッコウのヒナが口を開けるとその目印が見えるので、仮親はこの目印に向けて餌を与えてしまう。

ここまでの話を聞くと、イメージ通り、カッコウはずるい鳥だろう。しかし、カッコウが徹底的なまでに托卵行動をするのには理由がある。

カッコウは体温調節能力が低く、自身の体温を一定に保つことができない。そのため、夜間に体温が低下してしまい、卵を温めることができない。ヒナをかえすためには抱卵《ほうらん》を他の鳥に任せる必要があるのだ。

うまく托卵をすることに成功したとしても、ヒナが一人前に成長する確率は高くない。カッコウ類が托卵をするのは、繁殖期としては早くない時期だ。繁殖期の後期になると、季節が進んで天敵も増える。カッコウのヒナが巣立つ確率は非常に低いのだ。

しかも、托卵するには当然ながら托卵相手が必要だ。**托卵相手の個体数が減ると、カッコウは托卵もできなくなり、連鎖的にカッコウの数も減ってしまう。**カッコウの繁栄は、托卵相手に依存してもいるのだ。

ずるいように思えるカッコウの托卵だが、これは自身の由々《ゆゆ》しき弱点をなんとか克服するために編み出した戦略なのである。

ブームの力を利用するということ

「流行（ブーム）」というものがある。**ブームの力を上手に利用すれば、自分の実力以上の成果を出すことができる。**例えば、ブームに便乗した施策やイベントを打ったり、ブームに合わせた新製品を売り出して、大儲けする会社も少なくない。ただし、**この作戦には、思わぬ「落とし穴」も存在する。**

僕もかつて痛い経験をしたことがある。それは、フリーランスになって初めて開発したスマホアプリ「むしマスター！2」を、リリースしたときのことだ。

「むしマスター！2」は、半年ほどの開発期間を経て2017年2月にリリースされた。最初はなかなか人気が出なかったが、何度もアップデートを重ねて、徐々にユーザー数は伸びていった。そして半年ほど経過した7月頃、ダウンロード数が大きく伸びた。結局、その年の7〜8月の短い期間に、3万回ほどダウンロードされたのである。

「頑張って改善を続ければ、これくらいダウンロードされるんだ！」と信じた僕は、その後、2作目、3作目と新たなアプリをリリースした。ところが、「むしマスター！2」のような結果にはならなかった。「むしマスター！2」の頃よりも経験を積んで、機能の改善や新しい遊びも入っているのにだ。

後でわかったのだが、実はこの時期に、別の虫コンテンツのゲームがリリースされていて、いわばブームのようなものが発生していたらしい。それが7～8月の虫シーズンと重なり、僕が開発したゲームの数字もそれに便乗する形で伸びていたのである。僕はそのブームを認識していなかったので**ゲームの売上を自分の実力と勘違いし、「同じようなアプリをリリースすれば、同じような結果が出る」と思い込んでいた**のである。

その成果は本当に自分の実力か？

ブームというのは、他の何かの力に依存している状態だ。ブームが去ればその効力は失われるし、自分だけの力で再現することは難しい。ブームに便乗して得た結果を自分の力と勘違いしてしまうと、強気になる。会社であれば、「大きなコストをかけて大型商品を出す」ような姿勢になる。ところが、いざリリースしたときにブームが過ぎていることもあれば、ブームに便乗していることを認識できていない商品は、最初から的外れの可能性もある。結果、**大きな時間とコストを支払うだけになってしまうのだ。**

このような失敗を減らすためには、自分たちが「多くの他者の力を借りていること」を認識し、「支えられた成果」だと理解することが大切だ。

自分が出した成果の裏にはたいていは他者の力が存在している。ブームだけではない。商品を出すためにプラットフォーム[※1]サービスを利用したり、仕事を効率化するためにツールを利用するなど、多くの他者の力に依存しているはずだ。だから慢心を持って他者に接しないようにしよう。

他社サービスを利用したり、プロモーションを依頼する際に、無理な値引きをしたり、相手に負担を強いることはやめたい。**自分を支える相手の負担を増やすことは、カッコウが托卵相手が不在で困るように、いずれは自分を苦しめることになるのだ。**

自分一人では生きていけない以上、「依存する他者を大切にし、生き続けてもらう」ことも大切なのだ。

※1 商品やサービスの提供者と利用者が結びつく場所を提供するサービスのこと。Amazonや App Storeなど。

—

鳥類

【オオタカ】

タカ目タカ科

強力な武器を持つからこそ、用心を怠らない

タカの代表種。ハト類やカモ類を捕食する猛禽類。大きさは、オスが全長50センチ程度、メスは56センチ程度と、タカ類の中ではそれほど大きいわけではない。成鳥オスの灰色がかった青みのある体色から、漢字では「蒼鷹《おおたか》（あをたか＝奈良時代）」とも「大鷹《おおたか》（おほたか＝平安時代）」とも書く。

タカは「勇ましくて、強い」?

「タカ」と聞くと、どんなイメージを持つだろうか。

「体格が大きい」
「勇ましい」
「絶対の強者」

このような言葉がすぐに浮かぶだろう。

タカは、猛禽類の花形的存在である。カモのような大きな獲物を押さえつけ力強い脚、肉を食いちぎる鋭いくちばしなど、**狩りに適した身体的な特徴を持っている。**

その中でもオオタカは、代表的なタカの一種で、平地でも見ることができる。タカ類の中ではそれほど大きいわけではなく、トビよりもひと回り小さい程度。しかし、**小兵《こひょう》ながらもオオタカは、生態系ピラミッドの上位に君臨する動物である。**

オオタカの獲物はハトやカモで、得意な狩りの手法は「待ちぶせ」だ。ひとたび狙いを定めてからは短期決戦。力でねじ伏せて捕食する。

例えば、水際の狩りでは、木の枝などに止まって隙を狙い、狙いを定めると一気に獲物を急襲。その強靭な脚で獲物を水中に沈め、押さえつけて溺死させる。息絶えた獲物を陸に運び、そのくちばしでゆっくりと食べる。

鋭く黄色い眼が、王者の風格をより一層引き立てている。オオタカの狩りは、まさに「強者」らしい力強いものだ。

ところが、**実際の猛禽類たちはこれらの印象とは少し様子が異なる。**

猛禽類が持つ「武器」は、弱点でもあった

オオタカのような猛禽類は、非常に警戒心が強い。

野鳥観察をする人なら、十分な距離があるのに、飛び去って逃げられてしまった経験があるだろう。駅前などにたむろするハトとは、大違いだ。

そのため、猛禽類の調査・研究を行う人たちは、調査の際、車の中から観察したり、「ブラインド」という迷彩柄のテントや被り物を使って、彼らにストレスを与えないよう隠密裏に行動するくらいだ。

なぜ彼らの警戒心は他の鳥より強いのだろうか。

僕なりの考察になるが、**「狩りをするための『武器』を失わないため」**ではないかと思っている。

猛禽類は狩りを成功させることで初めて、食事にありつける。狩りをするためには、ターゲットに追いつくスピードが必要だし、獲物を押さえつけて絶対に離さないだけのパワーもいる。もしも、「翼の一部を失う」「かぎ爪が折れる」といったことが起きれば、狩りをするのは途端に難しくなってしまう。いわば、彼らの身体は「商売道具」そのもの。失えば、「食いっぱぐれ」に直結する。だからこそ、不要なトラブルはできるだけ避け、自分の身を守っているのではないか。

つまり、**タカの持つ「強さ」は同時に、「弱点」にもなり得る**のだ。

猛禽類が教えてくれた、身体を大切にする精神

自分の身体を大切にするのは、タカに限った話ではない。

2019年、日本とアメリカの野球界で活躍したイチロー選手が現役を引退した。華々しい成績はもちろんだが、彼は怪我が少なかったことでもよく知られている。長い野球生

活の中で、故障による戦線離脱をほとんどしたことがない。
イチロー選手を知る人物は次のように分析している。

「イチロー選手は、自分を主観的にも客観的にも見ることができる。…（中略）…今日は（体の）ここが少し違うなと感じれば、そこを重点的にケアする。怪我を未然に防ぐことをしている。それが、イチロー選手がルーティンを大事にしている理由だと思う」

出典：「イチローはなぜ怪我をしないのか？　その裏側に隠された「変わらない」ことの大切さ」（Full-Count）

実際にイチロー選手が、どんなケアをしているかは、定かではない。しかし、この話からいえるのは、**身体を直接的に使うスポーツ選手にとっては継続して活動できるかどうかが仕事の結果に大きく左右する**、ということだろう。どれだけ身体能力に恵まれていたとしても、それを長期的に運用できなければ結果は残せない。

この教訓は、すべての職業に当てはまる。
歌手にとっては喉が大切だし、料理人にとっては舌が大切だ。頭脳労働では思考や集中力をいかにコンスタントに活動させられるかが大切になる。
ホリエモンこと堀江貴文氏も、「必ず6時間の睡眠時間を確保する」と著書『多動力』（幻

冬舎）の中で述べている。

社会生活を営む上で、体調を完璧にコントロールすることは難しいかもしれない。

が、**自分の大切な武器や状況を見極め、それを「守る」ための努力は実践した方がいい。**

極端なたとえだが、もしあなたが、いわゆる「ブラック」な労働環境で働いたり、身体や精神を壊すかもしれない環境にいるのなら、自分の大切な武器を守るために、タカのごとくその場から「逃げる（立ち去る）」ことも勇気ある選択だろう。

動物たちが実践している「武器の守り方」を、ぜひ見習っていこう。

植物類

【サルトリイバラ】

サルトリイバラ科

冷静に待つ者だけが
チャンスをつかみ取る

つる性の低木で、春に黄緑色の花を、秋に鮮やかな赤い実をつける。つるには多数のトゲがあり、「このトゲで猿も捕まえられる」というのが名前の由来。山野でよく見られる。

土の中からチャンスをうかがう植物たち

サルトリイバラは山野でよく見られるつる性の低木だ。つるにはたくさんのトゲがあり、そのつるを使って他の植物などに巻きつく。林縁などでは日光がよく当たる場所を確保しようと、他の植物の上を覆うようにして成長している。

植物の種子には発芽をせずに休眠し、土の中で何年も時間を過ごすものがある。そして伐採《ばっさい》や山火事など特定の条件を満たすと、ここぞとばかりに素早く発芽する。このような種子を「埋土種子《まいどしゅし》」という。サルトリイバラの埋土種子も、山火事をきっかけに発芽する特性を持っている。

埋土種子がすぐに発芽しないのは、植物の戦略的な理由がある。**「ライバルがいなくなる、弱まるタイミングを待っている」**のである。

山や森には、背の高い樹木、成長力の強い強力なライバルがたくさんいる。サルトリイバラはつるで他の樹木に頼りながら生きる低木であり、太く大きな幹を持つ巨人たちと正面から勝負しても勝ち目はない。そこで、彼らがいなくなる瞬間を虎視眈々《こしたんたん》と狙い、そのときが来たら一気に勝負に出る戦略を取るのだ。

種子の休眠は、実は雑草もよく取る手法である。庭で雑草の草むしりをしたばかりなのに、あっという間にまた生えてきたという経験はないだろうか。

草むしりによって周りのライバルが減ったときは、背の低い雑草にとって光を存分に浴びるチャンス。草むしりや草刈りは、むしろ雑草にチャンスを与えてしまう場合があるのだ。

弱者が生き抜くには、生き抜ける「タイミング」を見定めることが重要となる。彼らは今日も土の中から飛び出すチャンスをうかがっているのだ。

タイミングによって成果は大きく変わる

植物同様に、**人間にとっても「タイミングの見極め」は非常に重要だ。**

例えば、広告、メルマガ、告知など、自分の商品をお客様に宣伝する状況を考えてみよう。

宣伝や広告といった情報は、発信が早ければいいというわけではないし、寝かせておいたら機を逃してしまうかもしれない。お客様に効果的にアピールするには、**〝相手が情報を見るタイミング〟に合わせて情報を発信する必要がある。**

ビジネスパーソン向けの広告であれば、仕事をしている昼間ではなく、通勤中やランチタイムの方が効果的だ。主婦向けの広告であれば、食事の準備で忙しい早朝や夜ではなく、お昼の時間帯の方がいいだろう。

効果的なタイミングは、商品の特性によっても変わる可能性がある。ビジネス的な情報であれば平日の方が見てもらえるだろうし、エンタメ的な情報であれば休日前の方がいいかもしれない。また、「雨の日」「暑い日」など気候的な要因も影響するだろう。

このように**自分にとって有利な条件で動くためには、「狙いを定め、時が来るまで冷静に待つ」ことが重要**なのだ。

成功の秘訣はチャンスを〝待てる〟力

株式会社サイバーエージェントは日本の代表的なIT企業である。2004年にアメーバブログから始まった「Ameba」関連事業、2016年から始まったインターネットテ

レビ局「AbemaTV」などを手掛けている。業界のトップを走り続ける代表取締役社長の藤田晋《ふじたすすむ》氏は、タイミングの重要性についてこう述べている。

「会社を始めて22年になりますが、そのほとんどが耐える時間で埋まっているようなものです。だけど、そこで焦ったり、不安にかられて無理をしてはいけません。勝負所がくる前に勝負をすれば、本当の勝負所で動けません。〝そのとき〟がくるまで、仕事の質を落とさないよう、しのいでいる人にしかツキはやってこないのだと思います」

出典：「多くの人は、自分のタイミングで勝負に出すぎ。ビジネスは〝忍耐力のない人〟が一番に脱落する」（新R25）

藤田氏がいかに周囲を冷静に観察し、タイミングを見極めているのかがよくわかる。植物の埋土種子のごとく、自分の力が活かされるタイミングまでじっと待ち、結果としてチャンスをつかんでいるのだ。

サイバーエージェントが頭角を現したタイミングで、同じように目立つ企業はいくつかあったが、今も当時のように活躍できている企業は多くはない。トップを走り続けているサイバーエージェントの実績を考えると、**動くタイミングを冷静に見極める力は、長期的に生きていく上で重要な能力の一つ**なのだろう。

「急《せ》いては事を仕損じる」「急がば回れ」「短気は損気」という言葉があるように、タイミングはチャンスをつかめるかどうかに密接に関わっている。サルトリイバラのごとく、僕らも冷静にタイミングを見極める力を身につけていくべきだろう。

植物類

【ヒマワリ】

キク科

自分の持つ見えない資源を活用する

夏に大きな黄色の花をつける。さまざまな品種があり、高さが30センチ程度の小型のものから、3メートルほどになるものもある。種は食用にもなり、パンやお菓子などに利用される。

太陽を追いかけるヒマワリの謎

ヒマワリは英語で「Sunflower（サンフラワー）」という。**花が常に太陽の方を向く「向日性《こうじつせい》」という性質を持つためだ。**

太陽は東の方角から出て西に沈むが、ヒマワリはその動きに合わせて、太陽を追いかけるように花の向きを変える。そして夜になるとヒマワリの花はまた東側を向き、朝を迎える。

ヒマワリはこの面白い性質を「茎の不均一な成長」によって実現している。茎のうち、太陽光が当たらない方だけを成長させることによって、花の向きを切り替えているのだ。

向日性の性質を持つのは、実は「若いヒマワリ」のみ。**光を効率よく浴びることにより、成長を速めることができる**のだ。

十分に成長したヒマワリには向日性はなくなり、常に東を向くようになる。東というのは朝、太陽が出てくる方向だ。ヒマワリの花はいち早く温度を高めることができる。これにより、**受粉を助けてくれる昆虫を花に引きつける効果がある**という。

ヒマワリは、限りある太陽という身の回りにある恵みを最大限に活用し、成長や受粉に活かしているのだ。

足りない部分は他の資源で補う

僕たちも身の回りにある資源（リソース）は限られている。自分の目標をなるべく早く達成するには、これらを最大限活用することが大切だ。

ビジネスの話では、よく「ヒト・モノ・カネ・情報」という言葉が登場する。

一企業の経営において、これらすべての資源が充実していることはまれである。足りない部分は、自分の持っている限られた資源を最大限活用して補っていく必要がある。

会社で何かイベントを開催して人を集める場面を考えてみる。

「カネ」があれば、交通の便がいい場所で、豪華な景品を用意したり、目玉になるような贅沢なサービスを提供できるかもしれない。しかしあまり予算が取れないような場合は、自分たちが持つ資源を活用してカバーする必要がある。

自社オフィスがゲストを呼ぶことのできる設備を持っているのなら、高額なイベントスペースを借りる費用は出さずに済むだろう。これは「モノ」を活用した場合だ。

他にも、自社サービス内で行った施策を用いた「勉強会」のようなイベントにすれば、自社のノウハウが目玉サービスとなって人を集められるかもしれない。こちらは自社のノウハウという「情報」を活用したケースだ。

このように、**自分たちが武器として何を持っているかを把握することで、持たない資源をカバーすることもできるのだ。**逆に、足りないものがあるときは、他の資源でそれをカバーする手立てを考えていくしかない。

隠された資源を探す

自分が持っている資源に正面から向き合ってみると、**「ヒト・モノ・カネ・情報」だけでは括《くく》れない資源があることに気づかされる。**

例えば、僕は自然観察をするために頻繁に各地に出かける。

一般的に自然観察といえば、自然豊かな場所に住む方が便利に思うだろう。確かに山の近くに住んでいれば、すぐに観察に行ける。主に都心部で生活している僕は、自然観察では地理的に不利に思える。さらに僕は自動車も所持していない。

しかし、見方を変えると、「都心部に住む」ことは強みにもなり得る。なぜなら、都心

部は〝郊外に比べて交通網が発達している〟からだ。線路は東西南北それぞれの方向につながっているし、電車は数分待てばやってくる。空港にも電車で1時間程度で行くことができる。

地方ではそうはいかない。公共交通機関は1時間に一度しか乗るチャンスがないこともあるし、車は必需品という地域が多い。家の近所だけならともかく、日本各地の自然を観察するなら、僕のように都心に暮らす方がかえって有利なこともあるのだ。

自分が持つ資源は有限である。しかし、それは何を資源とみなすか、によっても変わってくる。「ヒト・モノ・カネ・情報」の観点だけにとらわれてはいけない。

先ほどの例のように、「地理的な環境」

や「時間」も大きな資源だといえる。他にも、「性格」や「経験」、さらに周りから見た「印象」といったところが挙げられるだろう。**「目に見えにくいもの」「自分の外にあるもの」の中にこそ、未知なる資源が隠れているかもしれない。**

ビジネスの世界では、例えば、「文化」や「新技術」、「ブランド」といったものは、すでに多くの企業で重要な資源として認識されている。

改めて自分の中、そして自分の中だけでなく、周りの環境を見直してみよう。何が自分の武器になり得るかを考えるのだ。

CHAPTER

4

YOWAMUSHI
NO
IKIZAMA

才能にたよらない生き物たちの圧倒的な「努力」

昆虫類

【マルクビツチハンミョウ】

コウチュウ目ツチハンミョウ科

数多くの挑戦と失敗が成功の糧となる

春に現れる甲虫。はねは退化して空を飛ぶことができないので、地面を這って移動する。メスは大量の卵を産むためお腹がパンパンで、とても不恰好な姿をしている。

数千個の卵を産むツチハンミョウ

マルクビツチハンミョウのメスを発見すると、そのインパクトのある姿に驚くだろう。はねは退化していて空中を飛ぶことはできない。地面をゆっくり這うように進む。何よりも**腹部がパンパンに膨らんでいる**のである。

お腹には大量の卵が詰まっている。**マルクビツチハンミョウは一度に数千個もの卵を産む。**とんでもない数字だ。カマキリの卵塊から大量の幼虫が出てくる絵や映像を見たことがあるだろう。あれだけ次から次へと幼虫が出てくるカマキリでさえ、200匹程度。マルクビツチハンミョウの産卵数は、文字通り〝桁違い〟なのである。

なぜ、マルクビツチハンミョウのメスは多くの卵を産むのだろうか。**それは、彼らが成虫になるまでの過程があまりにも険しく、〝いばらの道〟だからである。**

幼虫たちに訪れる数々の試練

マルクビツチハンミョウの幼虫は、別の種であるハナバチ[※1]を利用して成長する。ハナバチの巣の中で、ハナバチの卵やハナバチが集めた蜜を食べて育つ。この過程には、大変な

※1 幼虫の餌として、花粉や蜜を蓄えるハチの総称。

試練がいくつも待ち受けている。

◎試練1　ハナバチが訪れる花選び

ハナバチは花に採蜜にやってくる。マルクビツチハンミョウの幼虫は、花に登ってじっとハナバチの来訪を待つ。ところが、ハナバチはどんな花にもやってくるわけではない。**もし間違った花を選んだら、ハナバチは永遠にやってこない。**花選びに失敗した幼虫、もしくは花の上までたどり着けなかった幼虫は生き残ることができない。正解の花を選んだとしても、ハナバチがいつ、本当にやってくるかまではわからない。幼虫にできることは辛抱強く待ち続けることだけだ。

◎試練2　ハナバチにしがみつく

幼虫は、ハナバチが採蜜に訪れたわずかなチャンスを狙い、体に飛び乗ってしがみつく。このチャンスをものにできなければ、やはり生き残ることはできない。さらに、花に訪れるのはハナバチだけとは限らない。甲虫やハナアブ[※2]、別種のハチだって訪れる。**間違って異なる虫に乗ってしまうと、それもやはりゲームオーバーだ。**

◎試練3　ハナバチの巣にたどり着く

運よくハナバチにしがみつくことのできた幼虫は、ハナバチに巣まで運んでもらう。し

※2
ハエ目ハナアブ科に属するハエの総称。成虫は花に飛来して蜜や花粉を食べるものが多い。

かし、実はハナバチであれば安心というわけではない。幼虫はハナバチが「産卵するタイミング」で巣に忍び込む。そのため、メスでなくては目的地にたどり着けないのだ。もし最初にしがみついたのがオスのハナバチであれば、メスのハナバチと出会って交尾している隙に、メスへと飛び移らなくてはならない。**もし幼虫がしがみついたオスのハナバチがメスと出会えなかったり、途中で天敵に捕食されてしまったら、ここでも幼虫は生き残ることができない。**

◎試練4　タイミングを見計らって巣に忍び込む

ハナバチのメスによって運ばれた幼虫は、巣に忍び込むタイミングを見極める必要がある。ハナバチは、自分が集めてきた「蜜の沼」の上に産卵をする。マルクビツチハンミョウの幼虫はこの蜜で育つが、最初は体が小さすぎて、**蜜の沼に落ちてしまうと溺れて死んでしまうの**だ。そのため、幼虫はハナバチが産卵するタイミングで、同時に卵の上に飛び乗る必要がある。巣に忍び込んだ幼虫は、まずはハナバチの卵をボートのように使いながら卵を食べる。卵を食べた後は一度脱皮をし、自らが沼に浮かぶことのできる救命ボートのような姿になる。

ここまで来てようやく、マルクビツチハンミョウの幼虫は安心してゆっくり餌を食べて、成長できる環境に身を置くことができる。

マルクビッチハンミョウの幼虫たちには非常に厳しい試練がたくさんあり、ほとんどは途中で命を落としてしまう。成虫になる確率が極めて低い。

そこでマルクビッチハンミョウが取ったのが、「手数《てかず》を増やす」作戦だ。**成長する確率が低いのであれば、数で補えばいい。**彼らが一度に数千個の卵を産むのはそういうわけだったのだ。

チャンスは手数を打ったものに訪れる

マルクビッチハンミョウと同様に、**人間社会においても、成功につながるチャンスをつかむには、「手数」が必要なことが多い。**

カーネル・サンダース（1890〜1980）がケンタッキーフライドチキン（以下、KFC）を立ち上げたのは、65歳のときだった。それまでに完成させた「フライドチキンのレシピ」を武器に携え、フランチャイズビジネスを展開していった。契約を取るために、カーネルは車1台で全米を走り回って飛び込み営業を続けたが、すでに高齢であったカーネルの営業はなかなかうまくいかない。「ノー!」と言われた数は、1009回にも上ったという。しかし、断られても諦めずに営業を続けた結果、カーネルが73歳のときには、

KFCは600店舗を超える規模になっていた。

この話から気づくのは、**「チャンスは待っていても自然にはやってこない」ということだ。**カーネルは、諦めずに1000回を超える飛び込み営業をした。成功率は決して高くなかったが、数多くのチャレンジがさらに次のチャンスが呼び込み、KFCを成功に導くことができたのだ。

目標に向けてたくさんのチャレンジをしていると、そのいくつかが運よくヒットしたり、誰かの目に触れることによって、チャンスが舞い込むことがある。そのとき、**自分の準備ができていればチャンスをつかむことができ、成長のきっかけになったり、飛躍のステージに登るこ**

とができるのだ。

マルクビッチハンミョウの幼虫たちも、卵から孵化した後、その場でただ待っていたわけではない。それぞれが散らばって花の上に登るというチャレンジをした。ハナバチの来訪は、チャレンジをした多くの幼虫のうち、ごく限られた者だけに舞い込んでくる。このチャンスをものにした幼虫だけが、成虫になる切符を手にしているのだ。

社会で活躍する成功者たちは、カーネル同様、みなチャレンジをしている。**どんなに優秀な能力を持っていても、百発百中で成功することなどはあり得ない。むしろチャレンジが多いからこそ、成功しているともいえるだろう。**手数を多くする戦略は、弱者が実行することのできる、シンプルでありながら最も有効な手段なのだ。

昆虫類

【トノサマバッタ】

バッタ目バッタ科

弱者も群れ方次第で強者を凌駕する

高い飛翔能力を持つ、「殿様」の名を冠するバッタ。荒れ地や草原に見られ、成虫が活動するのは真夏～秋頃。まれに集団行動をする長翅《ちょうし》型が現れ、農業被害をもたらすことがある。

トノサマバッタの脅威の変身能力

僕が子どもの頃に好きだったヒーロー、「仮面ライダー」。この仮面ライダー1号、2号のモデルになっているのが「バッタ」である。仮面ライダーは、「変・身!」のかけ声とポーズとともに変身して次々と敵を倒していたが、**「変身」は昆虫のトノサマバッタにもある。トノサマバッタの変身能力のことを「相変異《そうへんい》」という。**

相変異が発生するきっかけは、〝成育期の個体の密度〟だ。

密度が低い状況で育った個体は「孤独相《こどくそう》」と呼ばれる、緑色の姿をした普段見るトノサマバッタの姿となる。一方、密度が高い状態で育つと相異変を起こし、体は濃い褐色になり、はねも長く伸びて「群生相《ぐんせいそう》」と呼ばれる姿になる。**繁殖力や飛翔能力も向上し、性格も獰猛《どうもう》に変化。爆発的に個体数を増やして長距離を移動し、周囲の植物を食べ尽くす。**

相変異したバッタが大量発生すると、大きな農業被害をもたらすため、人への影響も大きい。**この現象は、もはや天災として扱われるほどで、彼らの相変異によってもたらされる災害を「蝗害《こうがい》」と呼び、古くから人々に恐れられてきた。**

日本では聞き慣れない話だが、東アフリカ、アラビア半島、インド・パキスタン辺りでは、トノサマバッタに近い仲間のサバクトビバッタ[※1]が、2020年にも相変異によって猛威を振るい、深刻な食糧危機を引き起こした。国際農林水産業研究センターの分析報告を調べると、短い文章の中に想像を絶するような驚異的な記述がいくつも並べられている。

「巨大な群れは東京を覆い尽くすほどの大きさになります」

「このバッタによる被害は世界人口の1割に、地球上の陸地面積の2割に及び、年間の被害総額は西アフリカ地域だけでも400億円以上に達する地球規模の天災として恐れられています」

「大発生時には群生相化したバッタが群れをなし、1日に百キロメートル以上を移動して、植物を食い荒らします」

出典：国際農林水産業研究センター「サバクトビバッタの予防的防除技術の開発に向けて」

まるでアニメや漫画など、フィクションのような出来事が、現実世界で起きているのだ。

「蝗害」からいえることは、**単体では小さくちっぽけな存在であっても、集まって群れをなすことで、人々の生活を圧倒的に脅かすほどの脅威になり得る、**ということである。

※1
バッタ目バッタ科。西アジア〜アフリカの方まで分布し、古来たびたび蝗害を引き起こしてきた。

集団化した弱者が強者を超えるとき

人間の世界においても、弱者の集団が歴史に影響を与えたことがある。

例えば、室町時代の1428年に起こった「正長《しょうちょう》の土一揆《つちいっき》」。農民や馬借が権力者に対して借金の帳消しを求めて暴動を起こした。それまでも単発的な一揆は起こっていたが、これほど規模が大きなものは初めてだった。勢いは畿内一帯におよび、幕府は農民らの要求をのまざるを得なかった。民衆の勝利である。

弱者が強者よりも確実に勝っている武器の一つに、「数」がある。

強者・弱者という線引きをしたときに、強者の「数」は弱者よりも圧倒的に少ない。食物連鎖を図にすると、必ずピラミッドの形になる。強者よりも弱者が多いというのは、自然の法則なのだ。

例えば、日本の企業数380万社のうち、大企業が0・3%なのに対し、中小企業は99・7%。しかも雇用の約7割を占めている。**圧倒的多数の中小企業が日本経済の基盤を支えている事実が表れている。**

弱者が集団行動をするのに必要な二つの要素

弱者がただ集まるだけでは、強者の脅威となるほどの力は持てない。

トノサマバッタの例にしても、一揆の例にしても、**ポイントは「多数が同時に行動を起こしている」ということである。**ただ数が揃っているだけであれば、「烏《う》合《ごう》の衆」にもなりかねない。

弱者の集団が力を発揮するには何が必要なのだろうか。

僕は、**「現状を変えたいと思う強い気持ち」「行動の具体化」が大きな要素になっていると考える。**

日本では災害が発生すると、被災地を

目指し、各地から自然にボランティアが集まるという素晴らしい文化がある。

1　現状を変えたいと思う強い気持ち＝被災地で困っている人を助けたい！
2　行動の具体化＝仕出しの手伝い、片づけなど、特殊な技術がなくてもできることを行う

この二つの要素があるからこそ、多くの人[※2]が具体的な行動を起こすことができるのだ。

たとえ弱者でも、集団で行動することで想像以上の能力を発揮できることは間違いない。

ただし、トノサマバッタのような蝗害になることのないよう肝に銘じておこう。

※2　全国社会福祉協議会によると、東日本大震災の際は、震災が起こってから5年間で累計148万人ものボランティアが働いたという。

昆虫類

【オオクロバエ】

ハエ目クロバエ科

人知れず仕事する
裏方の存在に気づけるか

体長 10ミリ前後のやや大型のハエ。胸部は黒く、腹部は黒みがかったエメラルドグリーン色。幼虫は動物の糞や死骸、腐敗物を食べて育つ。成虫は春と秋によく見られる。

汚いといわれるハエたちの「分解者」としての役割

ハエは、人に嫌われる虫の代表種である。

一般的に、嫌われる理由は「汚い」だろう。オオクロバエを含む一部のハエたちは、動物の糞や死骸に集まる習性があるためだ。さらに、糞や死骸を食べるという食性から、病原菌を媒介する実害もある。

果たして、ハエは汚くて害を及ぼすだけの昆虫なのだろうか。

実はハエは、「分解者」という生態系にとって重要な役割を担っている。

嫌われる原因となっている糞や死骸に集まる習性は、逆に「腐敗した有機物を分解して土に戻す」ためには欠かせない能力の一つなのだ。

2011年3月11日に起きた東日本大震災では、水産加工場や冷凍貯蔵施設から多くの腐敗物が散乱したため、ハエ類が大発生した。そのときの状況を記した記録には、ハエたちの分解能力の高さが伝えられている。

「6月上旬にはまだ瓦礫が散乱し、辺り一面に魚の腐敗臭が強烈に充満していた。…

（中略）…7月28日に同じ場所を訪れたときには、瓦礫の回収が驚くほど急速に進んでおり、水田は震災前の姿をわずかではあるが取り戻しつつあった。土手一面に残された無数のハエの蛹殻が数週間前のハエ発生数の凄まじさを物語っていた。…（中略）…よくこれだけ短期間であの大量の有機物が消化されたものだと、ハエ幼虫の有機物分解能力の高さを改めて思い知った」

出典：国立感染症研究所昆虫医科学部『東日本大震災における衛生害虫の発生状況調査と対策に関する記録』

あの未曽有の大震災の片づけ作業を手伝っていたのは、人間たちだけではなかったのだ。**ハエには衛生害虫としての負の側面がある。しかし、見えないところで僕らの住む環境を掃除してくれている有益な側面があることも、また確かなのだ。**

仕事には、花形だけではない多様性がある

僕はこれまで個人や組織で、スマホゲームのサービス開発・リリースをしてきた。ひと口にスマホゲームの開発といっても、たくさんのスペシャリストたちが制作や関連する仕事に関わっている。すぐに思い浮かぶだけでも、

・ゲームのメイン機能を作るエンジニア
・各画面のデザインを作るデザイナー
・面白いイベントを企画するプランナー
・開発スケジュール管理や全体の方向性を判断するディレクター

こういった人たちとタッグを組んできた。しかし、**サービスを世に出すのに必要なのは、このような花形の仕事ばかりではない。その陰には膨大な裏方仕事が存在している。**

ユーザーに快適にサービスを使ってもらうには、機能の不具合を解消しなければならない。そのためには、サービスのテストをする仕事が必要である。リリースした後は、ユーザーから問い合わせが来る。ユーザーサポート[※1]の仕事も必要だ。また、効率的に開発ができるように、通信環境や社内共有をスムーズにする仕事も重要になる。はたまた、掃除やゴミ捨てなど、オフィス環境を快適な状態に保つことも業務を円滑に進めるためには欠かせない。

このように、一つのサービスの運営の実現は、目に見える表側の仕事だけではなく、多くの裏方に支えられて成り立っている。ところが、この事実を知っている人は案外少ない。

※1
問い合わせやクレームへの対応する仕事のほか、問い合わせ内容やお客様の反応を集計・分析し、サービス運営・改善に活かす役割もある。

裏方の仕事をした経験がないと、自分たちがどれだけ恵まれた環境にいるのかを実感しにくいのだ。

見えない裏方の仕事が、世の中を支えている

僕も、実際に個人で自分のサービスをリリースしたことで、裏方の仕事の大切さを痛感した経験がある。

組織の一員としてゲームの開発をしていた頃は、ユーザーサポートの仕事はお客様の怒りをなだめたり、指摘されたことを素早く報告・対応することがメインの「耐える仕事」だと思っていた。実際、個人としてサポート業務を担当するときに、確かに厳しいご意見をいただく機会

もあった。そんな意見が連続したときは、少々憂鬱《ゆううつ》な気持ちにもなったものだ。

しかし、続けているうちに、決して耐えるだけの仕事ではないことに気がついた。**お客様の意見を受けて真摯《しんし》に対応したり、改善点に気づいてサービスをバージョンアップしていると、時にお客様に大変喜ばれることがあるのだ。**問い合わせ時点では厳しい雰囲気だったお客様からも、「対応ありがとうございます。これからも楽しく遊ばせてもらいますね！」などとうれしい言葉をいただくこともある。

そもそも問い合わせをしてくるお客様は熱量の大きな方が多い。「耐える仕事」だと思っていたユーザーサポートの仕事は、ユーザー発信で接点を持つ貴重な機会であり、対応次第ではユーザーをファン化する可能性も秘めているのだ。

世の中には、目立たなくても、なくてはならない大切な仕事がたくさんある。オオクロバエが見えないところで地球を掃除しているように、**地味に見える仕事が、実は重要な役割を担っている。ビジネスにおいては、その事実に気づけるかどうか、また、そうした仕事をする人への配慮ができるかどうかが成否の大きな分岐点となるだろう。**

昆虫類

【ウリハムシ】

コウチュウ目ハムシ科

工夫と研究の積み重ねで敵を攻略する

名前の通り、ウリの葉を食べるが、ウリの葉の持つ苦みや粘り成分を研究し、回避して食べている。※1前翅《ぜんし》が黒い、クロウリハムシもいる。

ウリ科の植物を食害するウリハムシ

ウリハムシは、ウリ科の植物を食べるハムシ（葉虫）の仲間だ。カラスウリやアレチウリなど、身近なウリ科の植物につくので割と見つけやすい。ウリ科の植物といえば、キュウリやカボチャ、メロンなど野菜やフルーツに多いため、農家には害虫として嫌われがちである。

ウリハムシだけでなく、野菜など植物の害虫というのはたくさんいるが、**彼らは何の苦労もなく餌にありつけるわけではない。ただ食べられるがままに見える植物も、虫に食べられないようにする対策を取っている。**

例えば、カボチャは、葉にククルビタシン※2という粘り気のある成分を持っている。昆虫に食べられると、その部分にククルビタシンを移動させて、虫たちが咀嚼《そしやく》しにくくさせるという防御策を取っている。

虫たちが「食草」、つまり特定の植物しか餌にしないのは、植物たちの抵抗が激しく、「攻略できた植物しか食べられない」という状態だからなのだ。

※1 前部のはね。

※2 キュウリ、カボチャ、メロンといったウリ科植物に含まれる、苦味成分のこと。

ウリハムシのウリ科植物への対策

ウリハムシの場合、ウリ科植物の毒を攻略するために「トレンチ行動」を取る。トレンチとは「溝」という意味だ。

ウリハムシは、ウリ科の植物の葉を食べる前に、葉っぱに円形に疵《きず》（溝）をつける。ウリ科植物は、食べられそうになるとククルビタシンを移動させるが、溝があるとその先には移動することができない。そのため、ウリハムシはまずは円形に傷をつけて「防御壁」を作り、そのあとで毒がこない内側をゆっくりと食べていくのだ。

観察をしていると、どのウリハムシの個体も当然のようにこの攻略法を使っている。しかし、彼らは種が発生した最初からこの攻略法を持っていたわけではないだろう。ウリ科植物との長いつきあいの中で、植物の毒の特性や、毒が無効になる条件を知っていったに違いない。

トレンチ行動は、ウリハムシが植物との戦いの歴史から、研究してようやく編み出した攻略法なのである。

粘り強い研究がもたらす成果

相手をよく観察・研究することは、人間社会においてもとても大事だ。相手を深く研究し対策を練ることは、時に驚くべき結果をもたらすことがある。

〝霊長類最強女子〟と呼ばれた、レスリングの吉田沙保里《さおり》選手がいる。世界大会16連覇、個人戦は２０６連勝という、とんでもない記録を持っている金メダリストだ。ところが、そんな吉田選手の伝説的な連勝記録を止めた選手がいる。アメリカのヘレン・マロウリス選手である。吉田選手の無敗記録が止まったのは、２０１６年8月に行われたリオ五輪・レスリング・フリースタイル女子53キロ級の決勝戦でのことだった。

マロウリス選手は、吉田選手とはそれまで二度対戦し、二度とも敗北を喫していた。しかし、この3度目の対戦で勝利する。

「マロウリスは再び吉田にフォール負けで敗れ、銀メダルとなった。

それからリオ五輪まで約3年間、両者は対戦することはなかったが、マロウリスは２０１３年にコーチに就いたバレンティン・カリカ氏とともに、何度も吉田の試

合映像を見て研究を重ねた。時には吉田の考え方や気持ちを知るために、吉田の日本語インタビューを英語に訳してもらい、聞くこともあったという」

出典：「【五輪レスリング】吉田沙保里を破った金メダリスト、吉田攻略のカギを明かす」（イーファイト）

マロウリス選手は吉田選手から二度の敗北を経験した後、**研究と練習を積み重ねた。その結果、霊長類最強女子からの勝利という偉業を成し遂げたのだ。**

ただ、相手を攻略するのは簡単なことではない。

相手のことはもちろん、自分の能力や、戦う場のルール・状況を知ることも重要になってくる。相手の攻撃を防ぐ方法を編み出しても、それを自分が実行に移せないのでは意味がない。

マロウリス選手は、取材でこう答えている。

「彼女（吉田選手）は他の選手よりも我慢強いです。そして、彼女の対戦相手の多くはパニック状態に陥っています。そういった状況で戦うことに慣れている吉田選手に対して、吉田選手と同じ我慢強さで勝負を仕掛けたらどうなるだろうと考えました」

出典：「【五輪レスリング】吉田沙保里を破った金メダリスト、吉田攻略のカギを明かす」（イーファイト）

パニックに陥らないためには何をすればいいのか。

マロウリス選手は課題を解決するために、独自の工夫や対策を練ったはずだ。**理論上だけでなく、実践できるように時間をかけて練習も積み重ねたに違いない。その結果として、大きな成功を手にすることができたのだ。**

研究を糧《かて》にした攻略法は、一朝一夕《いっちょういっせき》で実現できるものではない。粘り強く「工夫」「練習」を重ねた先に、大きな成功が待っているのだ。

鳥類

【ウグイス】

スズメ目ウグイス科

成功は
人知れぬ努力の賜物である

「ホー、ホケキョ！」の独特で美しいさえずりが特徴的。春の訪れとともに鳴き始めるため、「春告鳥《はるつげどり》」とも呼ばれる。さえずりに比べて、その姿は地味。

ウグイスの美しいさえずり

ウグイスといえば、「ホー、ホケキョ!」の美しいさえずりが特徴的だ。古くから日本人に親しまれている留鳥で、多くの俳句や和歌にも登場する。その声の美しさから、オオルリ、[1]コマドリ[2]と並んで「日本三鳴鳥《さんめいちょう》」の一つにも数えられる。

そんなウグイスだが、**彼らは最初からあれほど美しい声が出せるわけではない。**あのさえずりは、「練習の賜物」なのである。

3月に入る頃になると、ウグイスはその声を僕たちに披露《ひろう》し始める。ところが、耳を傾けると、あの美しい「ホー、ホケキョ!」とはだいぶ様子が違うことに気がつくはずだ。

ウグイスは初春の頃から、繁殖期に備えてさえずりの練習をする。この練習中のさえずりのことを「ぐぜり」と呼ぶ。ぐぜりをしているときの声は、こんな様子だ。

「ホー、……ホケッ?」

※1
スズメ目ヒタキ科。「日本三鳴鳥」「瑠璃(るり)三鳥」の二つのタイトルを持つ、美しい青い夏鳥。鳴き声は癒し系。

※2
スズメ目ヒタキ科。「ヒンカラ」という、馬がいななくような鳴き声を持つ。夏鳥で、頭と尾は、鮮やかなオレンジ色を持つ。

「ホ、ホケキ、キョ！」

あの美しい鳴き声とは大違い。ついつい応援したくなってしまうような、下手な鳴き方なのだ。

春先に鳴き始めたウグイスは、何度も何度もこの下手なさえずりを繰り返す。1カ月ほどでそれらしい声になってきて、さらに1カ月が経って繁殖期を迎える頃には、美しく、大きな「ホー、ホケキョ！」の歌を聞かせてくれるようになる。同じ鳥とは思えないくらいの上達ぶりだ。

野鳥のさえずりなど、生まれつき持っているように思える能力も、実は多大な練習を重ねることで身につけたものなのだ。

活躍の裏には想像を超えた努力がある

スポーツの世界を見渡せば、そこには想像を超えるパフォーマンスを発揮する選手たちがいる。彼らの常人離れした能力を見ると、「自分とは生まれ持った才能が違う」と思うかもしれない。

確かに運動能力に長《た》けた遺伝子を持っているかもしれない。しかし、**彼らが僕らの想像を超えているのは才能ばかりではない。その「努力量」も想像を超えているのだ。**

卓球界に、伊藤美誠《みま》選手がいる。2016年のリオ・オリンピックで、15歳にして銅メダルを獲得し、卓球競技史上最年少メダリストになった選手だ。

伊藤選手の両親は、元卓球選手である。リビングには卓球台を置き、家でも練習できる環境があるという。伊藤選手の活躍は、元卓球選手である両親の影響や、家でも卓球を練習する環境が整っていたことが要因なのだろうか。

僕は違うと思う。彼女は「圧倒的な練習量」を長年積み重ねてきたから強くなったのだ。

伊藤選手は何と幼稚園の頃から、母・美乃《みの》りさんと毎日7時間の練習を行ってきた。その練習は夜中まで続き、日付が変わるまで続けたこともたびたびあったという。そんな過酷な生活を、伊藤選手は小学校卒業まで続けてきたのだ。

才能や整った環境などの条件も影響したかもしれない。しかし、**一番の要因は、伊藤選手の尋常でない練習量であろう。もし自分が伊藤選手と同じ才能と環境を持ち合わせていたとしても、同じだけの練習量はこなせないと思う。**

何かの分野で活躍し続ける人の多くは、伊藤選手のように「並々ならぬ努力」を人知れ

ず続けているのだ。

輝かしい成果は、努力を続けた先にある

世界一の称号とまではいかなくても、僕の周りにも活躍している人たちがいる。

その人たちの活動を見ていると、やはり伊藤選手のように、才能や環境だけでは片づけられないことに気づく。活躍する人は、必ず日々の活動を積み重ね、結果として、メディアに取り上げられたり、成果を残している。決して、唐突だったり、ひと息で今の場所にたどり着いているわけではない。

確かに、短期間で高みに登る人もいるかもしれないが、かなりまれなケースではないだろうか。結果を残す人には、目標を見据えて淡々と努力をしている人が多いと感じている。

コツコツと努力することは、一見簡単に見えるが、それを毎日継続することは意外と難しいものだ。早起きして30分勉強をする、と決めても、毎日継続してできる人はそう多くないだろう。ダイエットも、1日や2日ならできても、毎日食事制限や運動を継続するのは難しい。だからこそ、世の中にはいろいろなダイエット法が存在しているのだ。

美しいウグイスの鳴き声にも、多大な練習の積み重ねがある。それは、人間が輝く過程においても同じ。**見方を変えれば、今の時点で輝く才能を見つけられなかったとしても、努力次第では輝かしい功績を残す可能性がある、といってもいい。**

ウグイスの「ホー、ホケキョ!」は、そんな僕たちへの応援歌だったのだ。

植物類

【カタバミ】

カタバミ科

強さの秘密は
見えない基礎の部分にある

都会の道端でもよく見られる身近な植物。春〜夏頃に、黄色の小さくかわいい花を咲かせる。夜になると葉を閉じる習性を持ち、その姿がまるで半分欠けたように見えることが「片喰《かたばみ》」の名前の由来になった。

カタバミは見た目によらずたくましい

都会は多くの植物にとって暮らしにくい環境だ。空気は乾燥していて、地面は硬く、気温も上がりやすい。ところが、カタバミはそんな過酷な環境でもいたるところで繁栄している。かわいらしい姿に似合わず、非常にたくましい植物なのである。

カタバミは外からは見えない部分に〝強力な武器〟を持っている。

その武器とは「根」である。

カタバミの茎は、地面を這うように横に伸びていく。そして、それぞれの節から根を出す。コンクリートに覆われた都会で植物が生き残るには、硬い地面に根を張り、コンクリートの下側まで根を伸ばす必要がある。カタバミは、この硬い地面を突き刺し、地面の深い部分に達するだけの「鋭く強力な根」を持っているのだ。

それに加えて、繁殖力も強い。庭でカタバミが繁殖すると、抜いても抜いても生えてくる、なかなかの厄介者《やっかい》となる。このようなたくましい能力は古くから日本で認識されていて、カタバミは武家の家紋である「片喰紋[※1]」のモチーフにもなり、多くの戦国武将が旗印

※1 片喰紋の例。

として掲げた。日本五大紋の一つにも挙げられている。

元祖のカタバミだけでなく、他のカタバミの仲間の「根」もやはり強力だ。ムラサキカタバミは、まるで大根のような太くて力強い根を持つ。また、イモカタバミは芋のようなゴロゴロとした「塊茎《かいけい》」というものをつける。

僕らが見ているかわいらしいイメージのカタバミは、実は「小さな巨人」だったのだ。

派手なパフォーマンスを下支えしているもの

僕たちの周りにも、「力強く安定したパフォーマンス」を発揮し続けている人がいる。ついつい、その輝かしいパフォーマンスだけに目を奪われがちだが、**彼らのパフォーマンスを「下支えしているもの」が必ずある。それらは派手なパフォーマンスからは想像し難い、基本的なものであることが多い。**

武井壮《たけいそう》というタレントがいる。武井氏は、陸上競技の十種競技において、競技歴わずか2年半で日本一に輝いた実績を持つ。また、ゴルフ界や野球界で選手として活動した経歴もあり、その後もトレーナーとして複数のスポーツ界で活躍している。

一般人よりも身体能力が高いのは確かだろうが、スポーツによって求められる身体能力や技術は異なるはずである。それなのに、なぜ武井氏は複数のスポーツで活躍することができたのだろうか。

武井氏が提唱する独自メソッドに、「パーフェクトボディコントロール理論」というものがある。

パーフェクトボディコントロールとは、「自分の体を思い通りに動かす能力」のこと。**スポーツは頭でイメージした通りに体を動かすことができれば、技術を数倍早く身につけることができる。**逆に、イメージ通りに体を動かすことができない状態で反復練習をしても、その練習によって身についた動きは「思い描いた動き」とは違う可能性が高く、効率がとても悪い。そこで、武井氏は次の順番で練習することを実践している。

1　身体を思い通りに動かす練習をする
2　技術や身体能力を高める練習をする

1の練習としては、「ドアノブを握る際に、あらかじめイメージをしてその通りに持つ」「ペットボトルをつかむときも、イメージをしてからつかむ」など、武井氏は日常生活のさまざまな場面をトレーニングの場とし、自分の体をイメージ通りにコントロールする練

習を重ねている。

　そして、自分の思う通りに体が動かせるようになったら、そこから先の体の動きの問題は筋力や身体能力などフィジカルな面に移行する。あとはフィジカルを高める練習を積み重ねればいい。この順番を守ることで、**少ない練習でも効率のよいトレーニングができるのだ。**

　武井氏は「自分の体をイメージ通りにコントロールする」ことを目指して、日常生活の中でずっと鍛え続けてきた。こうした下支えの能力は、アスリートの普段の派手な動きや活躍だけを見ていてはわからない。しかし、こういった「基礎」こそが、安定した結果・パフォーマンスを支えているのだろう。

基礎の積み重ねこそが信頼の下地となる

僕たちの仕事でも、**大事なのはウルトラCの技術ではなく、基礎的なことだったりするものだ。**仕事で信頼される人は、

・きちんと返信をする
・誰よりも確認をしている
・間違いを見つけたら正す

など、仕事の基本に手抜きをしない人が多い。基礎の積み重ねこそが自分を成長させ、周りからの信頼感を高め、長い目で見ると大きな存在となっていく支えとなっている。ところが、基礎を怠らずに継続することは意外と難しい。

一見地味でおとなしく見えても、コツコツと下地を作っている人は、信頼を得て、いつか大きな成果を出す可能性が高い。僕らもカタバミのように足元に根が張れているだろうか。まだ張れていないようであれば、まずはどんな根を張ろうかというところから考えてみるのも悪くはない。

植物類

【オオバコ】

オオバコ科

厳しい環境にも
臆せず飛び込め

道端や荒れ地などでよく見られる代表的な「雑草」。花は穂の形をしており、雄しべ、雌しべが穂から花火のように飛び出す。種子は人に踏まれることで運んでもらう戦略を取っている。

踏みつけにされたいオオバコ

オオバコは、身近な場所で見ることのできる「雑草」である。

失礼ながら、オオバコの花は地味だ。植物に興味がない人には名前も知られていないことだろう。僕も植物観察をするまではこの植物の名前を知らなかった。**ただ、なぜか印象には残っていた。その理由は、オオバコの生き残り戦略にある。**

地中に根を張って動けない植物は、さまざまな方法で種を散布する。風に運ばれたり、動物に食べられたりといった方法があるが、オオバコの種子は、人間の靴や車のタイヤにくっついて運ばれる。

オオバコの種子には、〝水に濡れると粘る〟という性質がある。その粘った種子を人間が踏みつけたり、その上を車が通ると種子が靴やタイヤにくっつく。そのまま人間や車が移動すれば、オオバコの狙い通り、種子は遠くに運ばれるのである。

オオバコが僕の印象に残っているのは、**オオバコの方からわざわざ人がよく通る場所に出て、踏まれに来ているからだ。**

普通に考えれば、植物にとっても踏まれるのは苦しいはずだ。人間から見ても、踏みつけにされた植物を見たらかわいそうに思う。**ところが、オオバコは踏みつけにされて苦しいどころか、むしろ「喜んでいる」。**

オオバコは、植物の中でも「たくましい」を超えて、ちょっと「おかしい」「変な」手段を選択することで生き抜いているのだ。

負荷があるから成長する

人間社会においても、強いプレッシャーを与えられたり、負荷の大きな仕事を任されることがある。できれば避けたいものだが、**皮肉なことに、そういったストレスや負荷が人を成長させる面もある。**

逃げるのではなく、我慢するのでもなく、オオバコのように負荷をプラスに変えて成長する。そんな姿勢で活躍している著名人の一人に、与沢翼《よざわつばさ》氏がいる。かつて彼は「ネオヒルズ族」「秒速で1億円稼ぐ男」などと呼ばれ、メディアにも数多く登場していたが、法人税等の滞納により2014年、会社は倒産危機に。その結果、ホームレスに近い状態になってしまった。

ところが、その後海外に移住し、投資家として活動を開始。株投資や仮想通貨、不動産投資などにより、今や世界各地に多数の不動産物件を保有するほどの資産家になった。さらには、2018年にはたったの65日間で22キロのダイエットに成功して世間を賑わせた。一度はどん底に落ちた与沢氏は、**不死鳥どころか、それまで以上の力と実績を伴って復活を遂げたのだ。**

著書の中で、彼はこう述べている。

「生半可な覚悟や中途半端な行動は、無意味です。とにかくひたすらストイックに、自分が心から『やり切った、もうこれ以上はやりたくない』と思えるまでやり抜く。これが唯一にして絶対の成功法則だと、私は確信しています」

「例えるならば、それは飛行機の離陸と同じです。飛行機で一番難しいのは、離陸時と着陸時だといわれています。…（中略）…一度地面から離陸して誰よりもブチ抜いた存在になってしまえば、あとは緩やかに、軽やかに雲の上を悠々と飛んでいられるのです」

出典：『ブチ抜く力』（扶桑社）

与沢氏は、「ブチ抜く力」を使って数々の成功を成し遂げた人物だ。彼が成功を収めてきた秘訣は、**新たなチャレンジをするたびに負荷から逃げずにやり遂げたことである。む**

負荷をかけるほど困難な壁を越えられる
人間パチンコ
ぎぎぎ

しろ強い負荷を自らに与え、それを成功の糧にしてきたのである。

人が成長するには負荷を伴う。しかし負荷があるからこそ新たな扉が開け、その先の成功につながっている。**成長と負荷は対《つい》になっている**のだ。

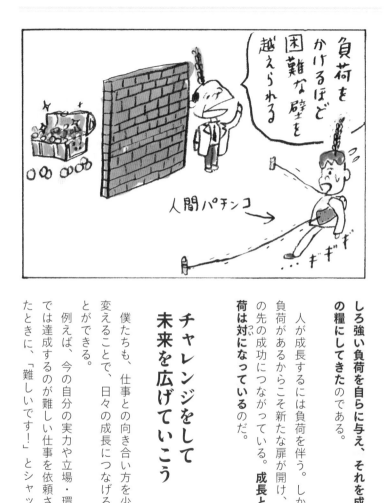

チャレンジをして未来を広げていこう

僕たちも、仕事との向き合い方を少し変えることで、日々の成長につなげることができる。

例えば、今の自分の実力や立場・環境では達成するのが難しい仕事を依頼されたときに、「難しいです！」とシャットアウトしないことだ。挑戦するだけの意義を感じるのであれば、まずは「はい、やってみます！」と引き受けてみよう。

頼まれた仕事が難題でもすぐには断らない。**活躍している人たちの姿を見て僕がそこに感じるのは、チャレンジする姿勢だ。**彼らは、少しくらい大変でもがむしゃらに取り組むことで、成功をたぐり寄せているのではないだろうか。負荷を避けてばかりでは成長はおぼつかない。

新しいことにチャレンジすることは、時にストレスが強くかかり、苦しむこともあるかもしれない。しかし、それを乗り越えた先には、大きな成長が待っている。

負荷を前向きに捉えることができれば、自分の未来はどんどん広げていくことができるのである。

CHAPTER

5

YOWAMUSHI
NO
IKIZAMA

▼生き残るための必須戦略

「人間関係」

昆虫類

【クロゴキブリ】

ゴキブリ目ゴキブリ科

悪い噂を避けるには、敵を作らない

全国に分布するゴキブリ。暗いところが好き、狭いところが好き、暖かいところが好き、水分が必要、などの理由から家屋内でもよく見られる。

なぜか人間に嫌われるゴキブリ

あなたは「ゴキブリ」に対して、どんなイメージを持っているだろうか。

おそらく、**「気持ち悪い」「汚い」「怖い」「害虫」**といった言葉が出てきたのではないかと思う。僕の周りの友人・知人にも、ゴキブリに対して好意的な印象を持っている人は、まあほとんどいない。

かく言う僕も、生き物観察をする前は、数ある虫の中でもゴキブリだけはどうしても苦手だった。家の中に現れるとパニックになっていたものである。

それにしても、ゴキブリはなぜこんなにも人間に嫌われるのだろうか。

「ゴキブリの害」を調べて見ると、次のようなことがわかる。

・病原菌の運搬（サルモネラ菌※1、赤痢菌※2、小児麻痺ウイルス）
・糞、死骸などがアレルゲン※3になる
・見た目、突然の出没、不潔さなどによる不快感
・食品を食べ、書籍を汚す。電気系統の障害（ショート）を引き起こす

※1 食中毒を引き起こすことのある菌。食肉や卵から感染することがよく知られる。

※2 急性腸炎を引き起こすことのある菌。食品や生水の摂取によって感染することがある。

※3 アレルギーの原因となる物質のこと。

出典：アース製薬「ゴキブリを知る」

確かに、病気になったり電気系統の障害からの火災など、ゴキブリによる実害はあるようだ。

しかし、私たちの生活を振り返ってみれば、ゴキブリが原因で病気になった経験よりも、蚊やアブに刺された経験のある人の方が多いはずだ。にもかかわらず、蚊やアブを見たときに、ゴキブリほどパニックになる人はほとんどいないのではないか。

ゴキブリによる火災（電気系統の障害）はどうだろうか。東京消防庁の資料から「出火原因別の傾向」を見ても、動物が原因の出火は上位10位にも入っていない。

火災を予防するのなら、ゴキブリを気にするよりも、タバコや火器の扱いに目を向けた方がよほど効果的だろう。

出典：東京消防庁『令和元年版 火災の実態』より「平成30年中の火災の状況」

そうなると、ゴキブリは実質、「見た目、突然の出没、不潔さなどによる不快感」が嫌われる原因となるが、僕の経験からするとそこにも疑問が残る。

北海道出身の知人によると、北海道[※4]ではゴキブリを見る機会が少なくて、その知人も東

※4
寒冷な気候ではゴキブリは生息しづらい。しかし北海道でも都市部など温暖な環境が保たれるような場所では、人間活動により外部から移入されたゴキブリが生息している地域もある。

京に来て初めてゴキブリを見たという。しかし、東京に数年住んでからは、他の人と同様にゴキブリが苦手になってしまったそうだ。

僕が小学校で生物観察クラブの講師を務めていたとき、子どもたちが校内でゴキブリを見つけたことがあった。クラブの子どもたちには、普段から虫によく触れている子と、そうでない子がいる。虫に触れていない子は、最初こそゴキブリに対しておっかなびっくりの様子だったが、**虫好きな子たちと一緒にゴキブリを見ているうちに、ゴキブリを間近で見るどころか、触ってすらいたのである。**

もし、ゴキブリを不快に思う原因が本当に外見だけであるのなら、初めてゴキブリを見た瞬間に不快に思うはずだし、子どもたちも決して手を触れないだろう。この二つの例から、**ゴキブリが嫌われる原因には「見た目以外の要素」があると考えられる。**

周囲の評判が影響を与える「バンドワゴン効果」

では、ゴキブリが嫌われる原因の正体は何なのだろうか。

僕は**「周囲の評判」であると考えている。**

北海道にはゴキブリを知っている人が少ないので、当然ゴキブリの悪評を耳にする機会は少ない。一方で、東京に来たら、ゴキブリのことをよく言う人は周りにいない。夏が来れば、テレビでも殺虫剤のCMなどで、ゴキブリは悪者にされてばかりだ。そうなると、ゴキブリをよく知らない人が、ゴキブリに対してよい印象を持つことは非常に難しい。**対象のイメージは、自分の周囲の人たちの態度や評価に大きく影響されるのだ。**

周囲の評価が好影響を及ぼす例もある。エビの姿を思い浮かべてほしい。昆虫よりもよほどインパクトのある姿をしていないだろうか。ところが、エビの姿を見て悲鳴を上げる人はいない。むしろ「おいしそう」と思うだろう。それは、周囲の人たちの多くが「おいしい食材」という評価をしているからだ。

これらは心理学でいう**「バンドワゴン効果」**だと思われる。バンドワゴン効果とは、**自身の意見が集団の意見に引きずられる効果のこと**で、マーケティングで流行を作る際などにこの法則がよく利用されている。

身に降りかかる災難を逃れるには

このバンドワゴン効果が、**マイナスの意味で自分に降りかかると、かなり「やっかいな事態」を巻き起こす。**

一度でいいので、ゴキブリの身になって考えてみてほしい。身の回りの人間が自分を見るなり、目の色を変え、鬼のような形相で自分を殺しに襲いかかってくるのだ。相当な災難であることが想像できるだろう。

人間社会の例を挙げると、社内で自分の悪い噂が立ち、広がってしまうような事態が考えられる。**悪い噂が広がってしまうと、噂が噂を呼び、白いものも黒くなる。**その噂が真実であれば自業自得ともいえるが、そうでなかった場合でも噂が真実となってしまうのだ。**これを払拭するのは簡単なことではない。**

弁明をしたとしても、噂がやまない限り、「本人はああ言っているけど、周りのみんなはこう言っていたし……」となってしまうだろう。

また、今は身の回りの範囲だけでなく、SNSによって世界中に噂が広がってしまう可

能性すらある。いわゆる「炎上」だ。その噂が事実であろうがなかろうが、悪い噂が広まり、周りが同じことを言っていれば、それが「周知の事実」になってしまう。

これらを避けるには、**「目立つことをしない」ことが一番である。**とはいえ、自分が何かの活動や商売をしていたら、宣伝やアピールをして目立つことも必要だ。SNSを宣伝活動のために利用している会社も多い。その場合、炎上を避けることだけを最優先していたら十分な効果は得られないだろう。

「敵をできる限り作らないこと」。できることはこれに尽きる。

普段の言動やSNSへの投稿でも、不

必要に相手をバッシングしない、傷つけるような言動はしないことだ。目立てば少なからず不快に思う相手は出てくるだろうが、**投稿時に「誰かを意図せず傷つけることになってしまわないか」と意識することで、敵を作るリスクを抑えることができる。**

ゴキブリのような目に遭っては大変である。日頃からの心がけによって、降りかかる災難を回避しよう。

鳥類

【オオハクチョウ】

カモ目カモ科

チームを強くするため、チームプレーを考える

冬に日本の湖沼や河川に飛来。東北地方、北海道でよく見られる。
コハクチョウに似ているが、首が長く、シルエットはよりスマート。

ハクチョウのV字編隊の効果

オオハクチョウは羽を広げると2メートル以上にもなる大型の鳥である。空に飛び立つときは巨体を風に乗せるため、羽ばたきながら全力で助走をつける。数十メートル走った後、水面を蹴って空に飛び立つ迫力はすさまじい。

湖などに「着水する姿」も必見だ。空を飛んで湖に近づいてきたハクチョウたちは翼を広げ、水かきを大きく広げて前に出しブレーキをかける。そして足から、「バッシャァァアン！」と着水する。あの巨体が鮮やかに着水するさまは「見事」の一言である。

ハクチョウの飛行には、離着陸以外にも興味深い点がある。

「V字編隊」[※1]である。

数千キロもの長距離を移動する渡り鳥たちにとって、いかにエネルギーを消費せずに飛行するかという問題はとても重要だ。

2011年、絶滅危惧種[※2]であるホオアカトキの野生復帰計画[※3]の一環で、各個体の背中にデータロガー[※4]を取りつけた検証が行われた。その結果、「V字編隊飛行」には、〝エネルギー消費を節約する効果〟があることがわかった。鳥たちが驚異の「省エネ飛行」を成し遂

※1 V字編隊。

※2 ペリカン目トキ科。もともと広域に分布していたが、絶滅が危惧されている。

※3 生息域外におかれた個体を自然の生息地に戻し、定着させる計画。

※4 記録保存装置。

げていることが明らかになったのだ。

メカニズムはこうだ。

V字型編隊の先頭の鳥が羽ばたくことで、空気が下に押しやられる流れ（下降流）が発生する。同時に、翼の端では上に向かう流れ（上昇流）が発生する。後方の鳥は、この上昇流に乗ることができると体が持ち上げられ、飛行に要する力が減る。つまり、先頭を飛ぶ鳥がいて、**その後ろでうまく上昇流に乗ることで、鳥はラクに飛行ができる**という仕組みだ。

理論上は簡単に見えても、実際、流れに乗るには難しい課題がある。空気の流れに応じて、タイミングを合わせて羽ばたきを調整する必要があるのだ。今までは、「鳥たちにそんな難しい芸当をするのは無理だ」と言われていたのだが、この検証で、鳥たちがその難解な調整をしていることが明らかになったのである。

V字編隊のメカニズムはオオハクチョウも同様だ。V字編隊を組むことによって、後方を飛ぶ鳥はラクに空を飛ぶことができる。**しかし、先頭を飛行する鳥は上昇流の恩恵を受けられないため、大きな負担を負うことになる。**先頭に立ち続けるのは大変なのだ。

真っ先に風を受けるリーダーは大変

ハクチョウの群れと同様に、人間の組織でも先頭に立つ「リーダー」がいる。人間の世界のリーダーもまた大変な立場にいる。

まず、**先頭に立つ者は、外からの圧を真っ先に受けねばならない。**先頭の鳥が強く風を受けるように、外部からの風を真っ先に受けるのは、リーダーたるものの役目だ。さらにいうと、リーダーはそれらの風を受けて後ろに下がってはならない。後ろに下がってしまうと、チームメンバーは前に進みにくくなってしまう。どんなに強い風を受けても、踏みとどまって、先頭に居続けなければ前には進めない。

しかし、リーダーも人である。そんなに風を受け続けていたら疲れてしまう。もしリーダーが倒れたら、チームメンバーへの影響はより大きくなる。V字編隊を組むハクチョウたちも同じはずだ。彼らはどうしているのだろう。

正解は、「先頭を交代する」だ。彼らは先頭の役割を順番に受け持つことで、リーダーに疲労が集中するのを回避している。チーム全体で負担を分け合うことで、「渡り」という大仕事を成し遂げているのだ。

負担はチームで分け合う

僕たち人間も、チームでリーダーの負担を補うことができるはずだ。

例えば、外部からの問い合わせや対応を、リーダーがすべて受けていたとする。自分の担当範囲においては、リーダーの代わりに問い合わせの対応くらいはできるだろう。もし、リーダーが休日出勤を続けているようなら、自分が引き取れる仕事を一部引き取って、リーダーに休む時間を作ってあげられるかもしれない。方法は工夫次第でいくらでもある。

リーダーがフォローされると聞くと、そのリーダーはしっかりしていないように感じるかもしれない。

しかし発想を変えれば、リーダー視点を持つメンバーが多いということにもなる。それはつまり、リーダー不在でも柔軟に対応ができるということ。**リーダーを助けられるチームというのは、〝層の厚いチーム〟の裏返しなのだ。**

逆にあなたがチームを率いる立場であれば、一人で仕事を抱えずに少しずつメンバーに渡すようにして、リーダーの仕事を任せるべきだ。そうすることで、チームをより強くすることができるだろう。

渡り鳥がチームで「渡り」というプロジェクトを成功させるように、**人も負担を分け合うことで大きなプロジェクトを成功に導くことができる。**オオハクチョウの習性は、チームプレーの大切さを、僕らに教えてくれている。

鳥類

【シジュウカラ】

スズメ目シジュウカラ科

昨日の敵は今日の友。
争いを避ける知恵

スズメと同程度の大きさで、胸のネクタイ柄が特徴的な白黒姿の小鳥。幅広い環境で生息しており、林や山地のほか、街中でもよく見かける。「ツツピー、ツツピー」と鳴く。

他種が集まることで効果を発揮する「混群」

シジュウカラは、身近な場所で見られる代表的な「カラ類」だ。胸にあるネクタイのような黒い柄が、チャームポイント。ちなみにカラ類とは、「○○カラ」と名前のつく小鳥たちの総称で、ヤマガラ、コガラ、ヒガラなどがいる。[※1]

ところで、「野生の世界」と聞くと、どんな言葉が思い浮かぶだろうか？

「弱肉強食」

「厳しい」

「生存競争」

どちらかというと、こういう殺伐《さつばつ》とした世界をイメージするのではないだろうか。実際、敵を避けるために油断ならない生活をしている生き物たちは多いだろう。

ところが、**野生の世界にも、他種間で手を結ぶ「協力関係」が存在する。**

カラ類が行う「混群《こんぐん》」はその一つである。

混群とは、「繁殖期以外の時期に、カラ類やメジロ、[※2]エナガ[※3]など異なる種類の森の小鳥たちが集まって行動する群れ」のことである。

ライバルになり得る「他種」との協力関係を築くのは、もちろん大きなメリットがあるからだ。**異なる能力を持つものが集まることで、「チームとしての能力が多様化できる」**

※1
スズメ目シジュウカラ科に属する小鳥たち。コガラ、ヒガラは山地で見られることが多いが、ヤマガラは低地でもよく見られる。

※2
スズメ目メジロ科。花の蜜を好み、桜に集まる姿は非常に写真映えする。

※3
スズメ目エナガ科。マスコットのようなかわいらしい姿を持つ、尾の長い小鳥。「ジュルル、ジュルル」と鳴く。

のである。

最大の利点は、チーム全体の警戒体制が強化できることだろう。

まず、敵に気づくのは、群れの中で先行して進んでいくエナガであることが多い。エナガが敵に気づけば、後続する他の種は、敵に気づかれる前に隠れることができる。また、木の上の方を移動する鳥たちが危険を察知すれば、下にいるものも警戒することができ、幹を移動するゴジュウカラ[※4]やコゲラが地上の敵に気づけば、上にいる鳥たちも警戒態勢が取れる。このように群れの仲間がさまざまな警戒視点を持つことで、群れ全体の危険察知能力が高められるのだ。

同様の理由で、この体制は「餌探し」にも効果がある。種によって、木の上で餌を探すものもいれば、木の下の方で探すものもいる。群れの誰かが餌を発見すれば、他種の仲間も食にありつくことができるのだ。

このようなメリットは、似た能力を持つ1種だけの群れでは得ることができない。多様な能力を持つもの同士が協力し合うからこそ、効果を発揮するのである。

ビジネスにおける手を取り合う関係

ビジネスも、野生の世界に負けず劣らず、ライバルたちとの競い合いが必須となる厳し

※4 スズメ目ゴジュウカラ科。樹木の幹を上下に行き来する。逆さのまま幹を降ることもできる。

い世界である。

ところが、ビジネスというのは、**鳥たちの「混群」のように、ライバルと手を取り合って共に生き抜く道がある。**

組織間の協力関係であれば、「協業」がそれに当たるだろう。

ソーシャルゲームでは、よく競合となるアニメ制作会社とゲーム会社とがイベントでコラボをしている。アニメとスマホゲームは、広くいうと同じ「エンターテインメント」市場で戦うライバルのはずである。しかし、同じ業界であっても、両者の客層が完全に重なることはない。そのため、コラボをすることで、互いの顧客に自社の商品を宣伝する効果があるのだ。コラボ相手が、「完全にバッティングはしない、隣りの領域」であれば、イベント後に両方のサービスを楽しんでくれる可能性もあるだろう。このように、ライバルとwin-winの関係で手を取り合う方法は存在するのだ。

個人でビジネスをしている場合でも、協力関係はあり得る。

例えばフリーランスとして企業から業務委託の仕事を受けることも、手を取り合う関係の一つだろう。フリーランスが技術やノウハウを提供し、その対価としてクライアントから報酬をもらう。報酬というと金銭のイメージが強いが、それだけではない。

僕が仕事を受けるかどうかの判断の決め手は、金銭的な報酬の多さだけではない。自分の事業（自然事業）につながる仕事かどうか、そのプロジェクトに参加することで貴重な経験や学びが得られるか、なども重視する。つまり、**報酬が金銭以外であっても、Win-Winの関係性があれば、協力関係は成立するのだ。**

もっとライトな協力関係もある。それぞれ別の技能を持つフリーランス仲間で集まり、時に短期プロジェクトやイベントを催すこともある。参加する理由は単純で、「面白そう」で「楽しい」からだ。その場合は、別に売り上げなどは大きくなくても、**楽しくプロジェクトやイベントが開催できれば「成功」**だ。

必要のない争いを避けるのが生活の知恵

ちなみに、鳥たちが混群を作る季節は「繁殖期以外」と決まっている。というのも、鳥たちは繁殖期になると、なわばりを形成する。この時期だけは同種であってもライバルとなり、なわばりに入ったものは、厳しく排除する。繁殖期は自分のひなが巣立つまで、安全と餌を確保しなければならないからだ。

シジュウカラの場合、子どもたちが巣立ちを経て自力で餌を取れるようになれば、親の役割は終わる。すると再び他種の鳥と手を取り合い、混群を組んで協力し合う時期がやっ

てくるのだ。

野生の世界では、「昨日の敵は今日の友」ともいうべき関係性が、毎年続けられているのである。

ビジネスの世界は、ただでさえ厳しい面が多い。そんな中で、さらに出会う相手すべてをライバルとみなして戦っていたら、もっと息苦しいことになる。

周りを見渡せば、敵対視して蹴落とさなくてはならない相手や場面など、そう多くはないはずだ。争う必要がないならば、むやみに争うことは避けた方がいいに決まっている。

鳥たちのように、時には協力関係を結び、共に生き抜くことができれば、厳しい世界であっても優しい気持ちで生きていくことができるのではないだろうか。

鳥類

【ジョウビタキ】

スズメ目ヒタキ科

なわばりを守りつつ、争いのない仕事をする

オスは顔が黒で頭部は白、お腹が鮮やかなオレンジなのに対し、メスは全身が褐色のため見分けやすい。日本では冬鳥であり、農耕地や林縁の他、住宅地の庭など、身近な場所でもよく見られる。

ジョウビタキのかわいい仕草は何のため?

ジョウビタキは、オスがオレンジ色の羽を持つ、かわいらしい鳥である。

農耕地や林縁を歩いていると、ひょこっと杭の上などに現れ、「ヒッ、ヒッ、ヒッ」と鳴く姿をよく見かける。このとき、尾を振りながら頭を下げ、まるでおじぎをするような仕草をする。ジョウビタキはその姿と愛らしい仕草が相まって、バードウォッチャーからも人気の高い鳥だ。

ちなみに、この「ヒッ、ヒッ」という声が、火打石《ひうちいし》を叩く音に似ていることから「火焚=ヒタキ」と名づけられた。


愛らしい鳥だが、ジョウビタキには意外な一面もある。


僕たち人間には微笑《ほほえ》ましい行動に映る「おじぎ」姿だが、**実はこれは「なわばりアピール」**。ジョウビタキは冬の間、1羽ずつ単独のなわばりを持ち、食べ物を確保する。ジョウビタキには強いなわばり意識があり、自分のなわばり内に他の鳥などが入らないか監視するため、周りを見渡せる位置で目を光らせているのだ。

そのため、なわばりを確保しようとする秋には、モズや他のジョウビタキと争う姿を見

ることもある。**車のサイドミラーに映った自分の姿を見て、敵と間違えて攻撃することもある**らしい。※1

ジョウビタキは、姿に似合わず「気の強い鳥」なのだ。

気が強い人は目立ちやすい

人間社会にも、「なわばり意識」の強い人がいる。

例えば、チーム内に新しいメンバーが加入するとき、新メンバーを試すような質問をしたり、明らかに自分の優位を示すような行動を取る先輩はいないだろうか。あるいは、部内で大きなミスがあったとき、自分の正当性を主張するため、必要以上に強く抗議したり、反発する人はいないだろうか。どちらも、一種の「牽制」である。

自分の仕事にプライドを持つことは、決して悪いことではない。ただ、度を超えて今の仕事に固執《こしゅう》したり、周りを排除する方向性が強すぎると、いずれは厄介者扱いされたり、逆に排除される対象になってしまう。

なぜなら、なわばりアピールの強いジョウビタキが他の鳥よりも見つけやすいのと同様、

※1 同様に縄張り意識の強いスズメ目セキレイ科の仲間では、実際にサイドミラーや鏡に映る自分の姿に攻撃を仕掛けている姿を見たことがある。

人の組織においても、自分のテリトリーを主張するために大きな声を出す人は目立ってしまうからだ。もしそこに、大型猛禽類のような〝強者〟が現れ、目をつけられたら、即座に危険な目に遭うことになる。

プラスになるなわばりアピールをしよう

なわばりアピールをするジョウビタキは、果たして好戦的な鳥なのだろうか。彼らの1年間の行動を見ると、そうとはいえない様子が見えてくる。

ジョウビタキが単独でなわばりを持って行動するのは、越冬地で過ごす間だけである。繁殖期になるとペアを作って、オスとメスが共同で生活する。ジョウビタキが冬に単独で強いなわばりを持つのは、「少ない餌を巡って争いが起きることを避けるため」。**強いなわばりアピールは、実は争いを避けるための手段**なのだ。

シジュウカラ（260ページ）は、繁殖期以外は他種同士で「混群」を作って生活することを紹介した。ところが、ジョウビタキはカラ類とは逆に、「争いを避けるため」になわばりを作っている。餌の少ない時期をどう乗り越えるかは、鳥の種類によって方法が違

う。自分たちの体格や周囲の環境、餌の種類などによっていろいろと考え、工夫しているのだ。

共通しているのは、どちらも**「無駄な争いを避けようとしている」**ということ。野生の世界では、むやみに傷ついたり、エネルギーを消耗することは命取りになる。だから、できるだけそれが起こらないような仕組みを編み出しているのだ。

ジョウビタキのなわばりアピールを、ビジネスの世界で考えるとどうなるか。

例えば、業務量が一定で、やりがいのある仕事が多いなら、わざわざ主張しなくても、みんなで取り組めばいい。この場合のなわばりアピールは、周りとの衝突を生じる可能性があり、かえって孤立の危機に身をさらすことになる。メリットがない上に危険ばかりが増えるというわけだ。

また、なわばりの外側には、新しいビッグビジネスのチャンスが眠っているかもしれない。**周りを見ずに狭い視野に留まることは、自分自身に損を招きかねない。**

もちろん、**なわばりアピールは方法によってプラスになることもある。**

部内で担当する業務が、明らかに自分だけで完結できるものならば、「ここは自分に任せてほしい。あなたは他の仕事に集中して大丈夫！」と言えばいい。その結果、**自分のテリトリーを守りつつ、むしろ頼れる人の印象を与えることができる。**お互いにとってハッピーな結末になるのである。

なわばりアピールする前に、一度冷静になって周りの状況を見るだけで、効果は全く変わってくるはずだ。

争いだらけに見える野生動物界も、実は争いを避けるために行っている工夫はたくさんある。人間たちも知恵を出し、できるだけ争いごとなく進んでいける道を探すべきだろう。

植物類

【ツリフネソウ】

ツリフネソウ科

理想的なパートナーシップのあり方を考える

船（帆掛け船）のような独特の形をした赤紫色の花をつける。水辺でよく見られ、花は晩夏～秋の季節に咲く。

ツリフネソウの花の形の秘密

ツリフネソウは、秋頃に赤紫色をした面白い形の花をつける。ぽっかりと口を開けたその花を見ると、ついついその中をのぞきたくなる。

動植物の美しい・面白い体や姿には、機能的な意味や秘密があることが多い。

植物にとって、遺伝子を未来に残すための大切なイベントの一つが「受粉」だ。植物が種子を作るためには、花粉を雌しべの柱頭《ちゅうとう》に付着させる必要がある。

ところが、大きな課題がある。**植物は、自ら移動することができない。**

多くの植物は、自分で移動できない弱点をカバーするために、風や水、もしくは昆虫や鳥など動物たちの力を借りることで受粉をする。

ツリフネソウの受粉を手伝うパートナーは、「マルハナバチ」[※1]だ。

マルハナバチは花の種類を決めると、その種類の花からのみ花粉を集める傾向がある。

そのため、花にとってみれば効率的に受粉を手伝ってくれるありがたい虫なのである。

※1 ハチ目ミツバチ科のハチ。丸っぽくふわふわの毛に覆われているものが多い。トラマルハナバチ、オオマルハナバチなど。

ツリフネソウの花の形は、パートナーのマルハナバチに合わせたものだ。

まず、花のサイズはマルハナバチの大きさにぴったり。入り口は広がっているが、後ろの方は狭くくるりと巻いている。秋にツリフネソウを観察していると、マルハナバチがするすると花の中に吸い込まれていくようで、見ていて楽しくなってしまう。

花の蜜がある位置もマルハナバチに合わせたつくりになっている。ツリフネソウの花の蜜は、花の奥の「距《きょ》」※2と呼ばれる部分にある。マルハナバチが奥に入り、長い口を伸ばすことでようやく届く位置だ。

ツリフネソウは、花の入り口に花粉を持つ雄しべを配置している。マルハナバチが蜜を取ろうと奥に入ると、自然と雄しべに触れてしまい、気づかないうちに背中に花粉がびっしりつくという仕掛けだ。

ツリフネソウは、花が咲き始めてから時間が経つと雄しべと同じ位置に雌しべを出す。そうした後に花粉を背中につけたマルハナバチが花の蜜を取りに来ると、今度は雌しべが背中に触れる。こうして、晴れて「受粉」が成功するのである。

ツリフネソウは、マルハナバチをパートナーと決め、マルハナバチに特化したさまざまな工夫を用いて、受粉をしているのだ。

※2 花びらやがくのつけ根にある突出した部分のこと。

つきあう相手とパートナーシップを結ぶ

ツリフネソウは自分の有用なパートナーに合わせて、自分の花の形を変えている。

人間社会における活動でも、つきあうパートナーは非常に大事である。

こうしたツリフネソウの戦略にならい、私たちも、自分の行動を示すことによってつきあう相手とパートナーシップを結ぶ方法を考えてみよう。

最近は、ほとんどの人が何かしらのSNSを使っている。「フォロー／フォロワー」の関係も以前よりも大切になってきた。その結果、オンラインでの人とのつながりに関する悩みが増えている。

ツリフネソウの戦略には、現代のSNSを使った生活をもっと快適にするヒントがある。

例えば、SNSで自分の趣味について投稿しているとする。

フォロワーが増えてくると、自分に求められる投稿が、趣味とは違うものだったり、否定的な考えを持つ人が増えてくるかもしれない。

自分が投稿をするたびに否定的なコメントをされたり、フォロワーが減っていくような様子を見ると、**投稿がしにくくなってしまったり、気を遣いながらSNSを利用するこ**

とになる。SNSは交流や情報交換を自由に楽しむためのツールなのに、これではその強みが有効に活かせなくなってしまう。

そこで、ツリフネソウがマルハナバチに合わせて自分の形を変えたように、SNSで公開している自分のイメージを少し変えてみてはどうか。手っ取り早い方法だが、「自己紹介」や「プロフィール」の欄に、あらかじめ自分が提供する情報を伝えておくのである。

例えば、プロフィールに「誰でもフォロー歓迎！」と書いてあると、自分の投稿内容と趣味の合わない人がフォローするかもしれない。しかし、「○○好きな方は、ぜひフォローどうぞ！」「主に○○について投稿するアカウントです」とあったら、〇〇に対して興味のない人、否定的な人がフォローする確率は下がるだろう。**フォローする＝ネット上でお互いが出会う前に、自分が発信する情報と相手が望む情報やレベルを擦り合わせておけば、期待のズレは起こりにくくなる。**

ちなみに僕のTwitterのプロフィールは「虫が好きでフリーランスとして独立したITエンジニア」と、いきなり虫好きをアピールしている。しかも、僕のアカウントのアイコン画像は、カブトムシだ。

タイムラインに虫が流れてくるのが嫌な人なら、こんなプロフィールのアカウントをフォローすることはない。そう思い、僕は虫の画像を遠慮なく投稿している。おかげで、僕のTwitterライフは快適だ。

ツリフネソウと同様に、人間もまた、相手に合わせて自分のポジションを少し変え、思いやりを示してこそ、強固なパートナーシップを結ぶことができるのではないだろうか。

植物類

【エノキ】

ニレ科

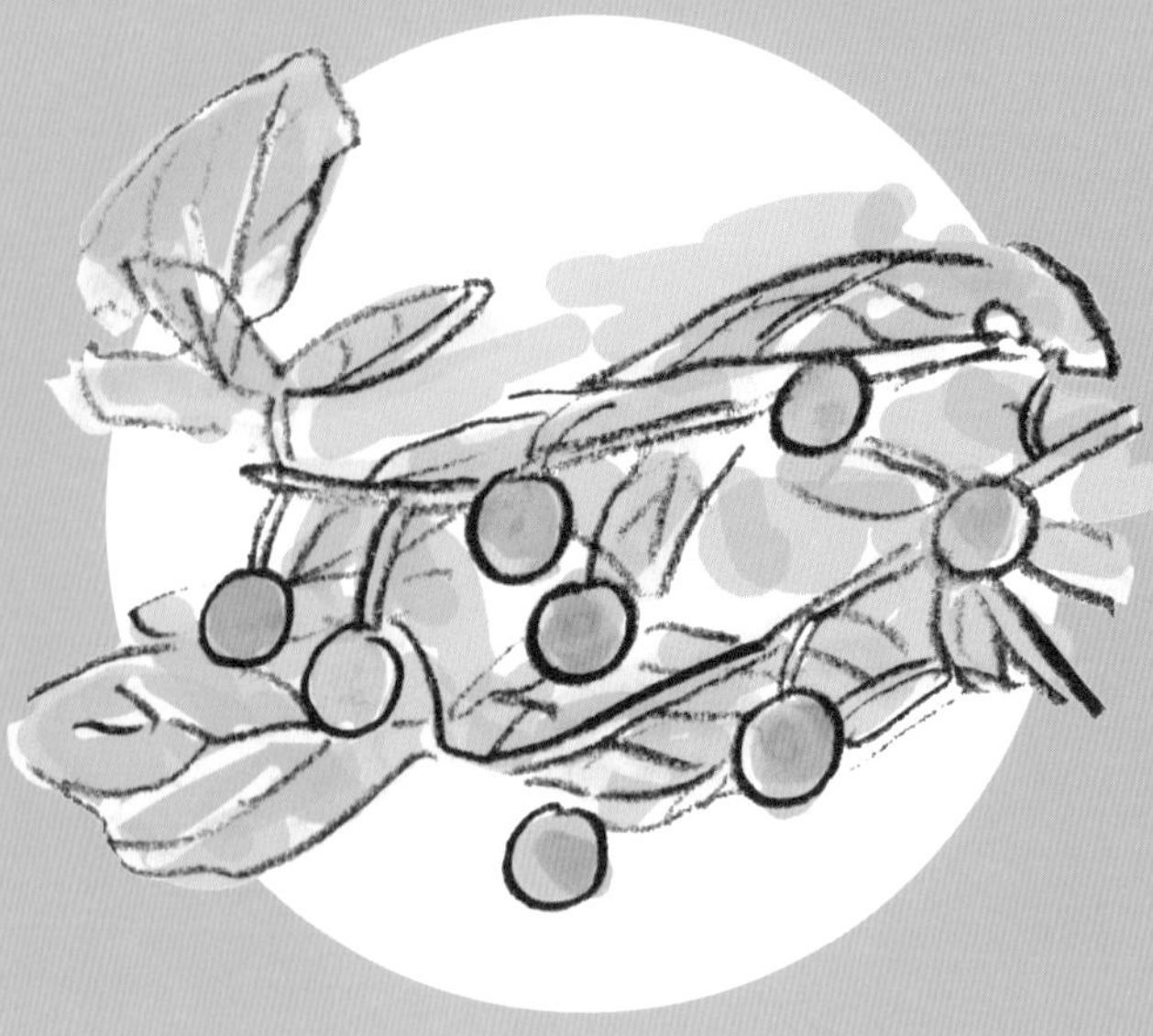

心を込めて
本気でギブしよう

小さく、黄色い花を咲かせ、黄色〜赤色の小さな実をつける。雑木林の他、街中でもよく見られる。葉にはオオムラサキやヤマトタマムシなどの昆虫が、実にはヒヨドリやメジロなどの鳥が集まる。

エノキに協力者が多い理由

住宅地周辺で足元に目を向けて歩いていると、エノキのひこばえ[※1]をよく見る。エノキは、本来は雑木林でよく見られる樹木の一種だが、人の暮らしに近い場所でも育つのは、**種子を遠くに運んでくれるパートナーがいるためだ。**

前項のツリフネソウは、種子を遠くに運ぶために昆虫の力を借りていたが、エノキのパートナーは「鳥」である。

エノキは秋に黄色～赤色の小さな実をつける。その実をヒヨドリ、メジロ、ムクドリ[※2]など多様な鳥たちが食べる。食べた鳥たちは飛んで遠くに移動し、糞をする。そうやって種子は広範囲に散布されるのだ。

なぜ、鳥に種子を運んでもらえるかというと、エノキは鳥たちに〝先に恵みを与えている〟から。

エノキは実を赤くして、鳥たちに見つけてもらいやすくする。また、鳥たちにおいしく食べてもらえるように実を甘くする。先手を打って鳥たちが望むものを提供しているのだ。

相手に何かしてほしいと思っても、自分に都合のいい要求を一方的にするだけでは、協

※1
樹木の切り株や根元から生えている若芽。

※2
スズメ目ムクドリ科。くちばしが黄色で、頬が白いのが特徴的。駅前の街路樹などをねぐらにし、夜にムクドリの集団の鳴き声が聞こえることも多い。

力はなかなか得られない。

自分から〝先に与える〟ことで、相手からの協力は得やすくなる。

施しを受けたら、お返ししたい！

心理学の効果に**「返報性《へんぽうせい》の原理」**というものがある。

「相手から何か施しを受けたら、お返ししてあげたい。何かしないと申し訳ない」と感じる感情のことだ。**例えば、誕生日プレゼントをもらったら、「相手の誕生日には何かお返しをしなくちゃ」と考えるのが「返報性の原理」である。**

エノキと鳥たちの場合は、双方の感情的な原理で動いているわけではないが、結果として、このような「ギブアンドテイク」の関係になっている。

僕たち人間が生きるにも、他者からの協力は必要だ。

「返報性の原理」を使うと、相手を強制的に動かす支配的な方法よりも、ずっとスムーズに協力を得ることができる。

例えば、自分が主催するイベントに、対価を払ってゲストを招いたとする。その際、オファーを受けてくれたタイミングやイベントが始まる前に、「本日はありがとうございます」と感謝の気持ちを伝えつつ、お礼を渡す。

ポイントは、お礼を渡すのがイベント後ではなく、「イベントが始まる前」であることだ。感謝の気持ちがゲストに届けば、「今日はこの人たちの期待に応えられるように頑張ろう！」と、より素晴らしいパフォーマンスを発揮してくれるだろう。

そうではなくて、「こちらがお金を払っているのだから、頑張るのは当然だ」という態度で接することもできる。ゲストがどちらの方が気持ちよく、高いパフォーマンスを発揮できそうかは、容易に想像できるだろう。

「建前のギブ」と「本気のギブ」の効果の違い

「返報性の原理」のテクニックは、実はすでに社会のいたるところで活用されている。そのため、普段使っているサービスや接客で、自分自身がこの原理を使ったサービスを受けることもあるだろう。

ところが、**この原理がテクニックとして一般的になってくると、形式面だけが一人歩きしてしまい、いわゆる「建前のギブ」も多くなる。**

例えば、マニュアル通りの「いつもご利用ありがとうございます」は、感謝の言葉というよりただの挨拶に聞こえてしまう（もちろん、全くないよりは効果があるとは思うが）。

一方で、「本気のギブ」の破壊力は、「建前のギブ」とは次元が異なる。

僕はブログでインタビュー記事を書くことがあるが、その際に、「本気のギブ」を実体験したことが何度もある。その中の一つを紹介しよう。

大分県国東市《くにさき》にある西方寺《さいほうじ》地区は、3月に黄色い可憐な花を咲かせるミツマタ[※3]の群生地として知られている。そのミツマタの保存と育成に取り組んでいる「西方寺ミツマタ保存会」会長の糸永清貴《いとながきよたか》さんに、大分までインタビューに出かけたときのことである。

当日は、事前に送った質問事項に沿ってミツマタの保存活動についてお話をうかがい、夜は糸永さんのお宅でお酒を飲みましょう、という流れになっていた。

しかし、現地に着いてからは予想しない展開になった。

糸永さんへの取材では、こちらからの事前質問に対しての答えをまとめてくれていただけでなく、地域の特徴を知ることのできる関連資料も合わせて準備してくれていた。せっかく遠いところまで来たのだからと、予定にはなかった現地の名所に僕を連れていってくれた。さらに夜は糸永さんだけでなく、保存活動に関わっている方たちが何人も加わっての楽しい宴席になった。保存活動の歴史や関わる方々の思いなど貴重なお話が聞けたことが何よりもうれしかった。食卓には地域のさまざまな名物やごちそうが並び、「これはお

※3
ジンチョウゲ科。中国原産の低木。ポンポンのような黄色い花を咲かせる。和紙や紙幣の原料として使われてきた。

いしい！」と食べていたら、後日、大分のおいしい食べ物を自宅にまで送ってくださった。

僕はこの取材によって、ミツマタの保存活動だけでなく、国東市の食べ物、名所、地域の方々と、さまざまな魅力を身をもって知ることができた。その結果、僕は強い感謝の気持ちと、当時の素晴らしい体験を基に、思いを強く込めて記事を執筆したのだった。

大分で僕が受けたもてなしは、「建前のギブ」ではなく「本気のギブ」だった。本気の真心がこもっているからこそ僕の心も動かされ、お返しに、「最大限のパフォーマンスを出したい」と思えたのである。

返報性の原理は強力な心理作用だが、

うわべのテクニックだけに溺れてはいけない。

最後に、どんな業界・どんな状況でも使える最強の武器をお伝えしよう。

それは、「言葉のプレゼント」だ。

高価な物を渡したり、高度なスキルを使う必要はない。**ただ、その人がもらったらうれしいだろうなと思う言葉を考えに考えて、気持ちを込めて伝えるのだ。**僕の周りを見ていても、これが自然にできる人には協力者が多い。

人が動く理由は、損得だけではなく、「気持ち」によるところが大きいのだ。

植物類

【ヤブツバキ】

ツバキ科

相手の気持ちを引きつけてやまない、おもてなしの心

庭木や生け垣に使われる樹木で、2～3月の厳冬期に赤い花をつける。※1サザンカによく似ているが、サザンカは花が散るときに花弁が1枚ずつ散るのに対し、ツバキは花が丸ごと落ちる。ヒヨドリやメジロなどの鳥が花の蜜を吸いに訪れる。

ヤブツバキのおもてなし

ヤブツバキは庭木や生け垣にも使われるため、住宅地でも見る機会が多い。真冬に目立つ赤い花をつける。ヤブツバキの赤い花は「鳥媒花《ちょうばいか》」である。花粉を「鳥」に媒介してもらい、受粉を助けてもらう花のことだ。

ヒヨドリやメジロなどの鳥が蜜を吸いに集まるのだが、**花粉媒介のパートナーである彼らを呼び込むために、ヤブツバキはさまざまな工夫をしている。**

1．花の色

鳥たちの多くは色を認識する能力がある。鳥がよく食べる果実に赤系の色が多いのは、赤は遠くからでも見つけやすいからだ。

植物の花は、受粉を助けてもらう相手に合わせて自身の色を変化させる。ヤブツバキの花も、鳥たちが見つけやすいよう赤い色をしている。

2．頑丈な花

ヤブツバキの花は、中心に大きな「がく」があり、花をしっかりと支えている。また、筒状の雄しべは下半分がひとまとまりにつながっており、花びらも下の方でつながり、す

※1　ツバキ科。耐寒性が強く常緑で、10月頃から花を咲かせる。

べてが一体化した頑丈な作りになっている。メジロのような小鳥は花につかまりながら蜜を吸うことがあるが、花は落ちない。鳥がくちばしでつついても花がバラバラになることはない。

ヤブツバキの花が散るとき、花が丸ごと落ちるのは、そういう理由である。

3. 大量の蜜

虫と比べて鳥は体が大きく、必要とするエネルギー量も多くなる。そのため、主に虫が媒介する花と比べて、ヤブツバキの花は蜜量が多くなっている。

4. 留まりやすい枝

ヤブツバキの枝は細かく分かれているので、鳥たちの足場にはちょうどいい。枝に留まって蜜を吸う姿がよく見られる。

このように、**鳥たちが簡単に花の蜜を吸えるよう、ヤブツバキはさまざまな「おもてなし」を提供している**のだ。

よい商品を置いただけでは、売れない

ヤブツバキのおもてなしの仕組みは、人間社会における「商品提供」の参考になる。

ヤブツバキの花の中に大量の蜜があったとしても、花の存在に気づけなかったり、蜜を思うように吸えないと、鳥たちは諦めてしまうだろう。**つまり、どれだけよい商品を用意していても、何かハードルがあるとお客様はお店を訪れてくれないし、商品の購入もしてくれない。**

こうしたハードルとなる不安を取り除くための仕組みを作っている企業が「ジャパネットたかた」だ。

「ジャパネットたかた」は、1994年にテレビショッピングに参入し、通信販売事業を手掛ける企業である。創業者である高田明《たかたあきら》氏が自らテレビに出演し、商品の魅力を伝える姿は印象的である（現在、高田明氏は社長を退任し、番組MCからも卒業している）。

ジャパネットたかたでは、今までお客様のさまざまな購入のハードルを取り除き、数多くの商品を視聴者に届けてきた。

その一つが、「金利・手数料ジャパネット負担!」のフレーズで知られる、分割金利・手数料負担サービスだ。髙田氏は、著書『伝えることから始めよう』で次のように解説している。

「欲しいけれど一括払いではちょっと手が届かない。でも、金利を払うことには抵抗があって、購入を諦めておられるお客さまもいらっしゃるのではないか、ってです。それで、金利・手数料を会社で負担するサービスを開始したんです」

出典:『伝えることから始めよう』(東洋経済新報社)

また、同様に購入者のハードルを取り除くサービスに「セット販売」がある。カメラとフィルムのセット販売については、以下のように解説している。

「でも、お客さまはすぐに撮影したいと思ってらっしゃる。それを想像して、商品が届いたらすぐに使えるようにと考えてカメラとフィルムのセット販売を始めたんです。ビデオカメラはテープと三脚にカメラバッグをセットにしました」

出典:『伝えることから始めよう』(東洋経済新報社)

セット売りの効果は絶大だったようで、デジカメと複合プリンタのセット販売も企画し、

心温まる おもてなし とは 何か
先に トイレに入って ボクの使う 便座を 温めて くれていたん ですね
ああ・・・ たまたま な

短期間で１００万台の実績を上げている。

お客様の不安を先回りして取り除く

ジャパネットたかたが販売している商品は、自社商品ではない。紹介している商品の多くは、たかた以外のテレビショッピングサイトや実店舗でも購入することができる。

なぜ、ジャパネットたかたが紹介する商品が売れるのか。それは、**ジャパネットたかたが、ただ商品単体の魅力を伝えているだけではないからだ。**

お客様が商品を使うシチュエーションを想像し、面倒に思う点や気がかりな問

題を先回りして取り除き、商品購入までのハードルを下げている。番組を見てみると、「商品の設置の仕方」「商品の使い方」「他の商品と何が違うか」など、自力で調べるとなると、面倒で諦めてしまいがちな情報をわかりやすく伝えている。**このような数々の「おもてなし」が、視聴者を購買行動に導いている**のだ。

ただ、先回りしてお客様の不安を取り除くのは簡単なことではない。長い時間と思考力を要するだろうし、実行するにも簡単にはいかないはずだ。ジャパネットたかたの分割金利・手数料負担サービスは、会社にとっての負担は小さくなかったという。

それでも真剣に向き合って取り組んでいるからこそ、不可能が可能になり、お客様の元に、お客様が満足する商品を届けることができるのだろう。

心温まるおもてなしとは何か。寒い時季に咲くヤブツバキの花を目にするたび、そのことを考えさせられてしまう。

植物類

【オオオナモミ】

キク科

成果を上げたいなら
腰巾着から脱却せよ

荒れ地などでよく見かける帰化植物[※1]。秋に小さな花をつけるが、より特徴的なのがトゲのたくさんついた実。衣服によく引っかかるため「ひっつき虫」と呼ばれ、子どもの遊び道具にされる。

オオオナモミの果実はひっつき虫

オオオナモミの果実は、**代表的な「ひっつき虫」**[※2]である。

楕円形の実の周りには、先端が小さなかぎ状になっている突起がびっしりとついている。この突起が鳥や獣《けもの》の体に引っかかって付着する。**動物たちがそのまま気づかずに移動することで、オオオナモミの種子は遠くまで運ばれていく、という策略だ。**

この種子散布の方法を「動物散布」と呼ぶ。さらに動物を利用した散布の中でも、体に付着させて運んでもらうことから「付着型」と呼ばれる。

オオオナモミの実は人間の洋服にもよくくっつく。子どもの頃には、この実を投げ合ったり、つけ合ったりして遊んでいたものだ。人間が行っているこの行為も、オオオナモミの種子散布を助けることになっているかもしれない。

「遊び飽きて近くに放り投げる」
「帰り道に洋服に実がついていることに気づき、払い落とす」

地面に落ちたオオオナモミの実は、「計算通り、遠くに運ばれることに成功した」とほ

※1 外来種のうち野外に定着した植物。

※2 他にも、同じキク科のコセンダングサや、マメ科のヌスビトハギなどもひっつき虫になる。

くそ笑んでいることだろう。

ちなみに、「面ファスナー（マジックテープが有名）」が生まれたきっかけは、ひっつき虫である。1941年にスイス人の発明家が、山歩きでゴボウ属植物の「ひっつき虫」が体にくっついたことをヒントに考えた。ひっつき虫は、自然界の生き物の工夫が、人間社会に実益をもたらした例にもなっているのだ。

誘われやすい人の特徴

人間社会の中でも、オオオナモミの実のように、誰かにくっついて食事や交流の場に行く人がいる。自分から「行きたいです！」と主張しているわけではなく、不思議と目上の人から誘われて出かけていることが多い。

彼らがよく誘われる理由に、二つの要素があるのではないかと思う。

1．誘われたときの反応がよい

相手に誘われたときの反応は、次に誘われるか否かを決定する大きな要因になる。

「〇〇があるんだけど、予定どう？」と聞かれたときに、うれしそうに返事をしてくれたり、「行きます！」と即答してくれる人は、誘う側にとっては声をかけやすい存在だ。逆に、「まだ予定がわかりません」と言って、いつまでも返事をくれなかったり、渋々参加するような反応をされると、次からは誘う優先度が下がるだろう。

さらに、参加後に「誘ってくれてありがとうございました！」「楽しかったです！」といったうれしい感想を伝えてくれる人なら、「よし、次の機会があったらまた誘おう」と思うものだ。

誘われる存在になるためには、このような「引っかかりどころ」が大切なのだ。

2. 相手を邪魔しない

継続的に誘われるには、誘われたときの振る舞いも大事だ。

飲み会に誘われて、酔いに任せて場を荒らしたり、せっかくの楽しい場であるのに不機嫌な態度やつまらなさそうな態度を取ってしまうと、誘った側の面目が立たない。「次からはあいつを誘うのはやめよう」となってしまう。誘った側の立場を考え、相手のマイナス評価にならないように振る舞うのが大切なのだ。

オオオナモミも、もし相手の体にくっついているときに「痛み」や「かゆみ」を伴うならば、すぐに取り外されてしまうだろう。**「相手のことを邪魔しないこと」が連れていってもらう上では重要な要素なのである。**

腰巾着から抜け出せ

とはいえ、オオオナモミが自分のやりたいことを達成するには、相手の体にずっとくっついているだけではまだ足りない。人間も同様で、**相手に誘われ続けているようでは成果を上げることはできない。**

誘われた場に行って、上司や先輩の邪魔をせずに楽しく過ごす。しばらくして、また同じような交流の場に誘われる。これだけを続けていても、先には進めない。**少し悪い言い方をすれば、「腰巾着」「金魚の糞」のような存在になってしまう**かもしれない。

オオオナモミがいつか相手の体から離

れ、地面に落ちて発芽するように、**誘われる人もどこかで独り立ちをするタイミングが必要だ。**

例えば、先輩に「きっと勉強になるよ」と連れていってもらえる交流の場があったとしたら、連れていってもらうことだけで満足してはならない。その場で得られた情報や経験を肥やしにして、自分のその後の何かに活かすよう努力することを考えてみてもいい。

やがてオオオナモミが土地に根づき、ストイックに分布を拡大していくように、私たち人間も、舞い込んだチャンスを自分のものにし続けることができれば、どんどん高みに登っていけるだろう。

植物類

【ムシトリナデシコ】

ナデシコ科

招かざる客を遠ざける

春〜夏に鮮やかなピンク色の花をつける、ヨーロッパ原産の帰化植物。茎の節から粘液を出して虫を捕まえることからこの名がついた。

ムシトリナデシコの「招かざる客」を遠ざける仕組み

ムシトリナデシコは、ヨーロッパ原産の植物だ。スラッと伸びた茎を持ち、美しいピンク色の花を咲かせる。

茎の節からはネバネバした粘液を出し、小さな虫を動けないようにして捕まえる。食虫植物のように虫を食べるのではない。**ムシトリナデシコが虫を捕まえるのは「防御」のための仕組み**である。

植物にとってハチなどの昆虫は、花粉を運んでくれるありがたいパートナーだ。とはいえ、中には訪れてほしくない虫もいる。葉を食べたり、花の蜜を取るだけ取って受粉には協力しないような虫だ。**ムシトリナデシコは、これらの「招かざる客」から自身を防御するために、ネバネバした粘液を仕掛けているのだ。**

例えば、アリは花の蜜を持っていくだけで、ムシトリナデシコにとって受粉の助けにはならない。そのため、茎を伝ってやってくるアリが花のある場所まで登れないように、粘着物質でシールドを張るのである。

受粉に必要なパートナーには訪れやすく、逆に、ただ奪うばかりで何の得にもならないものは遠ざける戦略を取っているのだ。

あえて門戸を狭くする理由はなぜか

僕たちの生活の中でも、サービスを利用するのに特定の条件が設定されている場合がある。よく見かける仕組みが「招待制」だ。すでに会員になっている人からの招待がないと、利用したり参加することができないサービスである。

制限なくお客様に利用してもらう方がサービス利用者は多くなるはずだが、あえてこのような制限をかけるのは、なぜだろうか。

例えば、提供されるサービスが「無料」だったり、無条件に「誰でも」いいという場合、お客様はサービスの中身をよく見ず、価格面だけで飛びついてしまうことがある。その結果、**お客様が満足するサービスを提供できなかった場合、店側はフォローを考えなければならない。店側に何の落ち度がなくてもだ。**なぜなら、そのお客様とサービスがマッチしなかったことで、不本意な評価をつけられてしまう可能性があるからだ。場合によっては、最初からそうした評価になることを想定した上でサービスを検討する必要があるかもしれない。

これに対して「招待制」を導入している店の場合はどうか。

すでにサービスを利用しているお客様が招待する人は、そのお客様に近い属性の人が集まりやすい。既存のお客様に嗜好が近ければ、いつも通りのサービスを提供することで満足してもらえる確率がかなり高くなる。それに、招待したお客様が店側の立場になって、招待されたお客様にサービスの利点や使い方についてフォローしてくれたりする。**同じお客様にもかかわらず、一方は店の強力なパートナーになり得る**のだ。

門戸を広げる方法に比べれば、利用者の母数は減ってしまうだろう。しかし、あえて制限を設けることで、効率的・有効的に集客することが可能になる。

ただし、広くお客様を集めるのか、ある程度選別するかは、戦略次第である。

さまざまな属性のお客様が満足するような商品設計なら、サービス利用の敷居を上げる必要はないかもしれない。その場合は、門戸を広くする方が有利だ。ある程度ターゲットを絞っているなら、ムシトリナデシコ方式で、「招かれざる客」はお引き取り願った方がいいだろう。

門戸を広くするか狭くするかは戦略次第
門
狭い!

門戸を狭くする手法の活用

ムシトリナデシコの手法は、個人的な調査の場面でも活用できる。

例えば部内で意見を聞きたいとき、相手を選ばずに「○○についてどう思う?」と聞くのは得策ではない。部長や課長などの管理職と、入社したばかりの新入社員とでは、立場や状況が違うため、質問内容によっては有効性が疑わしくなってしまう。

そこで、特定の経験をしたことがある人やある立場の人など、**意見を聞く人の条件を絞る。意見を聞くことのできる人数は減ってしまうかもしれないが、より**

有効な意見を手にすることができるだろう。

行動の前に一工夫加えることで、効率よく有効な意見を募ることができるのだ。

おわりに

僕は虫や鳥、植物などの生き物情報の発信を事業として行っているが、それを伝えるとほぼ確実に聞かれることがある。

「子どもの頃からずっと生き物が好きだったんですか？」

もちろん「Ｙｅｓ」だ。ただ、カブトムシやクワガタなどは子どもの頃から好きだったが、他の人と比べて特別詳しかったわけではなく、虫が人一倍好きな少年というイメージに近い。鳥に関してはツグミもヒヨドリも知らなかったし、植物に興味を持ったこともなかったので、花の名前はチューリップとタンポポくらいしか知らなかった。

僕が自然観察を始めたのは、自然に関する事業をすると決めた32歳になる年だ。直感的に「身の回りの自然をよくする事業をやりたい！」と思ったからだ。それから一気に自然を見て、触れて、勉強していたら、あっという間にハマッていった。

生き物たちは、明らかに僕の人生へプラスの影響をもたらした。

・日本の生き物を観察したい↓全国各地の、さまざまな風土や文化を体験させた
・海外の生き物を観察したい↓今まで興味のなかった海外に足を運ばせた
・生き物の魅力を発信したい↓今まで見る専門だったSNSやブログで発信させた
・もっと多くの人に生き物の魅力を伝えたい↓さまざまな本を読ませ、さまざまなサービスにチャレンジさせた

このように、**自然観察は僕にさまざまな経験やチャレンジを引き寄せてくれたのだ。**

日常生活もわかりやすく楽しくなった。

街を歩けば、道端にはたくさんの植物があることに気づくことができる。電線に留まっている野鳥を楽しむことができる。塀に留まっている虫を観察するのも楽しい！

「何かを始めるのに遅いことはない」と言うが、大人になってから始めた自然観察に人生を変えられた僕にとっては、強く納得する言葉だ。生き物たちは、きっとこれからも僕にたくさんの何かに出会わせ、僕を変化させ続けていくだろう。

本書は、このような僕の自然観察の経験と社会人の経験をフルに使い、昆虫・鳥・植物の「生きざま」から得られる、人間社会への学びや教訓を紹介してきた。

メディアなどでよく注目されるのは、「珍しい生き物」「強い生き物」「派手な生き物」といったものが多いが、今回登場した生き物たちは、どれもごく身近な場所で見られる。

自宅近くの公園や草むら、中には自宅でも見られるような「ありふれた生き物」ばかりだ。

しかし逆に「ありふれるほどに繁栄に成功した優れた生き物である」と捉えることもできる。**身近な生き物たちこそ、よく観察してみるとそれぞれ驚くべき「生きざま」を持っていて、僕たちにさまざまな学びや気づきを与えてくれている**のだ。

本書では45もの「生きざま」が登場して、「どれを使うべきだろうか」「あの戦略とこの戦略は、方向性が対立しているではないか」と迷ってしまうかもしれない。そんなときは、〝自分に合った戦略〟のみを選択すればよい。

生き物たちはそれぞれが自分なりの戦略を取っている。

同じようにあなたも、「しっくりきた」「心がけてみたい」。はたまた、「直感で何かが気になった」。そう思ったものだけをピックアップして役立てればよいのだ。

紹介したものの中から一つでもそういうものが見つかり、それがあなたの人生を楽しくすることに少しでも役立ったのなら、幸いである。

僕が本書の中で伝えたいことは、もう一つあった。

それは、**「身近で見られる、ごく普通の生き物たちの魅力を知ってもらうこと」**。

特に、

・日常生活で生き物と接点がない
・生き物に興味がない

といった人にも届くようにと、

「地味な姿でも、珍しくなくても、生き物にはたくさんの魅力や面白い特徴がある！」

ということを全力で紹介してきたつもりだ。本書をきっかけに、もし身近な生き物に興味を持ってもらえたなら、これほどうれしいことはない。

最後に、今回本書を書くきっかけを作っていただいたはてなのみなさま、構成・編集など本書の制作に関わるすべてに対応いただいたKADOKAWAの城﨑尉成さん、また、その他ご協力をいただいたたくさんの方々のおかげで、本書を完成することができました。僕にとって新たなチャレンジをする機会をいただくことができ、感謝しています。本当にありがとうございました。

2020年5月

亀田恭平

【参考文献】

◉自然環境研究センター［編著］『最新 日本の外来生物』平凡社

◉真木広造［写真］、大西敏一／五百澤日丸［解説］『決定版 日本の野鳥650』平凡社

◉松田道生［監修］『日本の野鳥図鑑』ナツメ社

◉石塚徹［著］、山岸哲［監修］『見る聞くわかる 野鳥界 生態編』信濃毎日新聞社

◉清水晶子［著］、大場秀章［監修］『絵でわかる植物の世界』講談社

◉ピッキオ［編著］『花のおもしろフィールド図鑑』実業之日本社

◉岩槻秀明［著］『街でよく見かける雑草や野草がよーくわかる本』秀和システム

◉稲垣栄洋［著］『弱者の戦略』新潮選書

◉稲垣栄洋［著］『雑草キャラクター図鑑』誠文堂新光社

◉稲垣栄洋［著］『たたかう植物』ちくま新書

◉安田守［著］『イモムシの教科書』文一総合出版

◉櫻井一彦［文］、藤丸篤夫［写真］『オトシブミ観察事典』偕成社

◉奥本大三郎［訳・解説］『ファーブル昆虫記6 ツチハンミョウのミステリー』集英社

◉長谷川英祐［著］『面白くて眠れなくなる進化論』PHP研究所

◉氏原巨雄、氏原道昭［著］『決定版 日本のカモ識別図鑑』誠文堂新光社

◉筑波大学「生命環境学群 生物学類」https://cbs.biol.tsukuba.ac.jp/

◉今井長兵衛「擬態のいろいろ」(J-STAGE)
https://www.jstage.jst.go.jp/article/seikatsueisei1957/32/1/32_1_25/_article/-char/ja/

◉「擬装か隠蔽か？アゲハの幼虫における体色変化の捕食防御適応」(日本生態学会第60回全国大会講演)

◉朝比奈英三「昆虫の耐凍性と防御物質」(J-STAGE)
https://www.jstage.jst.go.jp/article/kagakutoseibutsu1962/6/11/6_11_642/_article/-char/ja

◉安藤哲「シャクトリムシの性フェロモン」(J-STAGE)
https://www.jstage.jst.go.jp/article/kagakutoseibutsu1962/37/9/37_9_608/_article/-char/ja

◉近藤徳彦、彼末一之「体温と運動の機能的連関」(J-STAGE)
https://www.jstage.jst.go.jp/article/jspfsm/54/1/54_1_19/_article/-char/ja

◉安富和男「尺取虫(シャクトリムシ)の擬態と冬尺(フユシャク)の暮らし」(環境文化創造研究所)
https://www.kanbunken.org/topics/topics48.html

◉「フユシャクの産卵」(NHK for school)
http://www2.nhk.or.jp/school/movie/clip.cgi?das_id=D0005400479_00000

◉井戸川直人「侵略者はいかにして女王となるのか―トゲアリの一時的社会寄生のメカニズム―」「つくば生物ジャーナル」(2011)(筑波大学生物学類)
http://www.biol.tsukuba.ac.jp/tjb/Vol10No6/TJB201106NI.pdf

◉「ゴキブリを知る」(アース製薬) https://www.earth.jp/gaichu/knowledge/gokiburi/

◉東京消防庁『令和元年版火災の実態』より「平成30年中の火災の状況」
https://www.tfd.metro.tokyo.lg.jp/hp-cyousaka/kasaijittai/h30/index.html

◉「サバクトビバッタの予防的防除技術の開発に向けて」(国際農林水産業研究センター) https://www.jircas.go.jp/ja/program/program_d/blog/20200308_0

◉葛西 真治, 小林 睦生「東北の津波被災地で大発生した衛生害虫の写真による記録」(J-STAGE)
https://www.jstage.jst.go.jp/article/mez/63/1/63_59/_article/-char/ja

◉「カブトムシを食べたのは誰？」(東京大学大学院農学生命科学研究科)
https://www.a.u-tokyo.ac.jp/topics/2014/20140310-2.html

◉「日本の養蜂の歴史」(日本養蜂協会)
http://www.beekeeping.or.jp/beekeeping/history/japan

◉「養蜂振興協議会(ミツバチ飼育技術講習会テキスト4章)」(一般社団法人トウヨウミツバチ協会」
http://hp-a-00002.x0.com/7/topics/16

◉「カーネル・サンダース～65歳でKFCを起業し、1009回断られても立ち上がり続けたその情熱～」(企業tv) https://kigyotv.jp/news/kfc/

◉竹内将俊、田村正人「ウリキンウワバ幼虫のウリ科寄主植物上でのトレンチ行動」(J-STAGE) https://www.jstage.jst.go.jp/article/jjaez1957/37/4/37_4_221/_article/-char/ja

◉山内淳「鳥類における托卵行動の進化:野外観察・実験と理論」(J-STAGE)
https://www.jstage.jst.go.jp/article/seitai/45/2/45_KJ00001776587/_article/-char/ja

◉「猛禽類保護の進め方(改訂版)－特にイヌワシ、クマタカ、オオタカについて－」(環境省)
https://www.env.go.jp/nature/kisho/guideline/pdf/guide_h2412.pdf

◉加藤貴大「鳥の渡は"コスパ"で決まる」(バードリサーチニュース)
https://db3.bird-research.jp/news/201806-no2/

◉「伊豆沼・内沼の概要」(宮城県伊豆沼・内沼サンクチュアリセンター)
http://izunuma.org/3_3.html

◉河邉博康「編隊飛行の最適編隊形状と先頭交代方法に関する研究」(J-STAGE)
https://www.jstage.jst.go.jp/article/jjsass/54/629/54_629_250/_article/-char/ja

◉「鳥のV字編隊飛行は、やはり合理的だった!」(ネイチャーダイジェスト)
https://www.natureasia.com/ja-jp/ndigest/v11/n3/%E9%B3%A5%E3%81%AEV%E5%AD%97%E7%B7%A8%E9%9A%8A%E9%A3%9B%E8%A1%8C%E3%81%AF%E3%80%81%E3%82%84%E3%81%AF%E3%82%8A%E5%90%88%E7%90%86%E7%9A%84%E3%81%A0%E3%81%A3%E3%81%9F%EF%BC%81/52135

◉「カワウの生態と保護管理の背景」(環境省 カワウの保護管理ぽーたるサイト)
https://www.biodic.go.jp/kawau/00_kawauseitai.html

◉松岡茂「樹洞内観察記録装置の開発－生物多様性の保全をめざして－」
(森林総合研究所北海道支所 研究レポートNo.71)
http://www.ffpri-hkd.affrc.go.jp/koho/rp/rp71/report71.htm

◉小高信彦「木材腐朽プロセスと樹洞を巡る生物間相互作用:樹洞営巣網の構築に向けて」
(J-STAGE) https://www.jstage.jst.go.jp/article/seitai/63/3/63_KJ00008993948/_article/-char/ja/

◉「森林における立枯れ木の管理」(北海道立総合研究機構)
https://www.hro.or.jp/list/forest/research/fri/hogo/pdfs/tachigare.pdf

◉「カラスは赤ちゃんと同じように「遊び」から「学んで」いるのか?」(Gigazine)
https://gigazine.net/news/20171024-investigation-crows-playful/

◉「【野鳥関連ニュース】野鳥図鑑～小柄な冬鳥『ジョウビタキ』～」(ネイチャーランド能勢) http://natureland-nose.com/bird/news_bird/3520/

◉「樹木シリーズ24 オニグルミ」(森と水の郷あきた)
http://www.forest-akita.jp/data/2017-jumoku/24-oni/oni.html

◉「おもてなしの精神で広がるまち 神山」(アネモメトリー風の手帖－)
https://magazine.air-u.kyoto-art.ac.jp/feature/53/

◉福原達人「8-3. 動物付着散布」(福岡教育大学 福原のページ)
https://ww1.fukuoka-edu.ac.jp/~fukuhara/keitai/8-3.html

◉多田多恵子「里山研究の目指すもの 里山の雑木林に生きる草花 －生活史戦略と繁殖特性－」
(J-STAGE) https://www.jstage.jst.go.jp/article/jjsk/42/0/42_38/_article/-char/ja

◉叢敏、菊池多賀夫「山火事跡地に実生が顕著な種の種子発芽に対する培養途上の加熱の効果」
(J-STAGE) https://www.jstage.jst.go.jp/article/vegsci/15/1/15_KJ00006916360/_article/-char/ja/

◉吉武 孝「燃えて若返る森の樹々」「消防科学と情報」No.29 1992(夏季)(消防防災科学センター)
https://www.isad.or.jp/pdf/information_provision/information_provision/no29/18p.pdf

◉「沖縄の精霊『キジムナー』 気になる伝説の生き物の謎に迫った!」(沖縄ラボ)
https://okinawa-labo.com/kijimuna-30809

◉「ひまわりはどうやって太陽を追いかけるのか?」(Gigazine)
https://gigazine.net/news/20170804-why-sunflowers-follow-the-sun/

ブックデザイン：菊池 祐
イラスト：堀 道広
編集協力：柴山幸夫（有限会社デクスト）

亀田恭平（かめだ・きょうへい）
ネイチャーエンジニア、ブロガー。
1984年、神奈川生まれ。フリーランスでシステムエンジニアとして務める傍ら、動植物の観察を行っている。観察の対象は歩いて出会える生き物全般。年間で100日以上、全国各地に赴き、これまで4500種以上の生き物に出会ってきた。現在、観察した生き物の情報を自身のブログ「ネイチャーエンジニア いきものブログ」で紹介している。また、生き物に関するさまざまなスマホアプリも独自で開発し、配信をしている。本書が初の著作。

ネイチャーエンジニア いきものブログ
https://www.nature-engineer.com/

Twitter
https://twitter.com/kkamedev?lang=ja

Instagram
https://www.instagram.com/kyoheikameda/?hl=ja

弱《よわ》虫《むし》の生《い》きざま
身《み》近《ぢか》な動植物《どうしょくぶつ》が教《おし》えてくれる弱者《じゃくしゃ》必勝《ひっしょう》の戦《せん》略《りゃく》

2020年 7 月 2 日　初版発行

著者／亀田《かめだ》 恭平《きょうへい》

発行者／青柳 昌行

発行／株式会社KADOKAWA
〒102-8177　東京都千代田区富士見2-13-3
電話　0570-002-301（ナビダイヤル）

印刷／株式会社暁印刷

●お問い合わせ
https://www.kadokawa.co.jp/（「お問い合わせ」へお進みください）
※内容によっては、お答えできない場合があります。
※サポートは日本国内のみとさせていただきます。
※Japanese text only

定価はカバーに表示してあります。

ISBN 978-4-04-604856-1　C0030